高等学校应用型本科计算机类专业系列教材

计算机网络原理与虚拟仿真

（第二版）

主　编　杨光松　　杨延丽　　许碧惠
副主编　邢海涛　　林子杰　　吴一亮　　覃发均

西安电子科技大学出版社

内 容 简 介

本书在介绍计算机网络基本原理的基础上，基于 Packet Tracer 网络仿真软件，利用具体的案例对相关原理和应用进行仿真分析。本书不仅涵盖了 TCP/IP 模型各层协议的基本内容，涉及 IPv6、无线网络构建、网络安全等较新的知识点，而且还结合了具体的工程实践应用，能够有效帮助读者理解基本概念，提高其理论联系实际、学以致用的工程实践能力。除此之外，本书还提供所有的仿真实例程序，支持读者自主学习。

本书可以作为高等学校应用型本科计算机类相关专业的教材，也可用于计算机网络培训或作为工程技术人员的自学参考书。

图书在版编目（CIP）数据

计算机网络原理与虚拟仿真 / 杨光松，杨延丽，许碧惠主编. --2版. -- 西安：西安电子科技大学出版社，2025．1. -- ISBN 978-7-5606-7484-1

Ⅰ. TP393.01

中国国家版本馆 CIP 数据核字第 2024VK5449 号

策　　划　秦志峰
责任编辑　秦志峰
出版发行　西安电子科技大学出版社（西安市太白南路 2 号）
电　　话　(029) 88202421　88201467　　邮　　编　710071
网　　址　www.xduph.com　　　　　　电子邮箱　xdupfxb001@163.com
经　　销　新华书店
印刷单位　陕西天意印务有限责任公司
版　　次　2025 年 1 月第 2 版　2025 年 1 月第 1 次印刷
开　　本　787 毫米×1092 毫米　1/16　印张 14
字　　数　329 千字
定　　价　40.00 元
ISBN 978-7-5606-7484-1
XDUP 7785002-1

＊＊＊如有印装问题可调换＊＊＊

前　言

党的二十大报告指出："坚持把发展经济的着力点放在实体经济上，推进新型工业化，加快建设制造强国、质量强国、航天强国、交通强国、网络强国、数字中国。"在这一战略指引下，我国信息通信业取得了举世瞩目的辉煌成就，网民规模跃居全球首位，互联网发展水平也位列全球第二，我国也已建成全球规模最大的 5G 网络和光纤宽带。这一切都离不开计算机网络的坚实支撑。

在此背景下，为了更好地紧跟计算机网络技术的发展步伐，满足广大读者的学习需求，我们在本书第一版的基础上进行了全面修订，更新和扩充了以下内容：增加了数据通信基础知识，以帮助读者更好地理解其他章节的内容；新增了网络安全以及最新网络技术和协议等内容，以帮助读者了解网络技术及网络安全的发展趋势；增加了一些思考题和仿真实例，以帮助读者更好地将理论知识应用到实际工作中。

本书通过利用虚拟化技术和仿真工具，模拟真实网络环境进行实验，帮助读者深入理解网络技术的工作原理和应用。我们提供了丰富的实验材料和详尽的指导，旨在帮助读者巩固所学内容并培养其分析问题、解决问题的能力。无论是计算机、电子通信等相关专业的学生，还是网络工程师或计算机爱好者，都将会从本书中获得系统而全面的学习体验。

特别感谢对本书第一版提出宝贵意见和反馈的读者，这些建议对我们编写第二版起到了重要的指导作用。同时感谢西安电子科技大学出版社的相关人员对本书的支持和协助。

由于编者水平有限，书中难免存在不足与疏漏之处，恳请读者批评指正。

编　者
2024 年 8 月

目　录

第 1 章

计算机网络基础知识

1.1 数据通信基础知识

1.1.1 点对点数据通信

1. 点对点数据通信模型

通信的基本目的，是传送信息（Message）。信息是指音讯、消息、通信系统传输和处理的对象，如语音、文字、图像、视频等。数据（Data）是传送信息的实体，通常是有意义的符号序列。信号（Signal）则是表示信息的物理量，如电气或电磁。

计算机网络中最基本的通信方式，是点对点通信，即将消息从信源（或者发送端、发送方）通过信道传输到信宿（或者接收端、接收方），如图 1-1 所示。

图 1-1 点对点通信模型

（1）信源：信息的来源，可以是人、机器、自然界的物体等。

（2）信道：连接发送方和接收方的介质，可以是有线介质（光纤、同轴电缆等）或者是无线介质（无线电、红外、水声等）。

（3）信宿：是信息的接收者，可以是人也可以是机器，如收音机、电视机等。

一个典型的点对点数据通信系统如图 1-2 所示。源系统的发送方是一台个人计算机（Personal Computer，PC），在发送方 PC 输入汉字（消息），然后转换成数字比特流（数据），经调制器转换成模拟信号，通过传输系统（公用电话网）进行传输。目的系统的调制解调器将模拟信号解调为数字比特流，接收方 PC 将其显示在屏幕上。

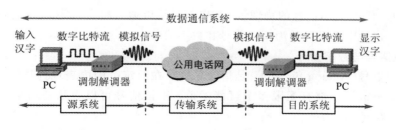

图 1-2 一个典型的点对点数据通信系统

2．点对点数据通信方式

数据通信中有多种传输方式，以适应不同的通信需求。

1）单工通信与双工通信

数据通常是在 2 个站点(点对点)之间进行传输，根据数据流的方向，通信模式可以分为以下 3 种：

(1) 单工通信(Simplex Communication)：信息只能在一个方向上传输而没有反方向的交互，如广播电台。

(2) 全双工通信(Full-duplex Communication)：同一时刻，信息可以进行双向传输，如电话通话。

(3) 半双工通信(Half-duplex Communication)：通信双方可以交替发送和接收信息，但不能同时进行发送和接收，如对讲机。

2）串行通信与并行通信

根据数据传送的方式，通信可分为串行通信和并行通信。

(1) 串行通信(Serial Communication)：利用一条数据线，将数据流逐位按顺序传输。这种方式线路简单、费用低、传输距离远，但传输速率相对较低。

(2) 并行通信(Parallel Communication)：利用多条数据线，能够同时传输一个数据的所有位。这种方式能够实现较高的传输速率，但线路复杂、费用高，且并行线路间容易相互干扰。

3）同步通信与异步通信

同步是指通信的收发双方在时间基准上保持一致，确保发送方和接收方在数据传输过程中具有一致的时序和速率。根据收发双方是否同步，可以分为同步通信和异步通信。

(1) 同步通信(Synchronous Communication)：是一种比特同步通信技术，要求发收双方具有同频同相的同步时钟信号，只需在传送报文的最前面附加特定的同步字符，使发收双方建立同步，此后便可在同步时钟的控制下逐位发送/接收。同步通信可以实现高速度、大容量的数据传输。但为保持发送和接收的同步，其硬件设计较复杂。

(2) 异步通信(Asynchronous Communication)：不要求收发双方同步，数据传输的每个步骤不需要严格按照时序进行。发送方可以在任何时刻开始数据传输，而无须通知接收方。为了正确接收数据，每个要传输的字符必须添加起始位、停止位和校验位，这增加了传输的开销。异步传输简单、灵活、廉价，适合以不规则的时间间隔传输低速数据。

1.1.2　信号及传输

信号(Signal)是表示信息的物理量，如电信号可以通过幅度、频率、相位的变化来表示不同的消息。这种电信号可分为模拟信号和数字信号。

1．模拟信号与数字信号

(1) 模拟信号(Analog Signal)：是指信息参数在给定范围内表现为连续的信号。在时间和幅度上，模拟信号都有无限多个可能的值。模拟信号可以表示任何平滑变化的物理量，如声音、温度、压力等。

模拟信号在传输过程中可能会受到噪声和干扰的影响，导致信号失真或衰减。传统的电话通信、广播和电视传输都使用模拟信号。

（2）数字信号（Digital Signal）：是不连续的信号，其值在时间和幅度上都是离散的。数字信号通常由二进制代码（0 和 1）表示，这些代码可以组合成各种信息。数字信号在时间和幅度上是有有限个可能的值。

数字信号在传输过程中具有较强的抗干扰能力，因为噪声和干扰通常只会影响少数几个比特，而不会导致整个信号失真。此外，数字信号还可以通过纠错码等技术进一步提高传输的可靠性。

现代通信系统中广泛使用数字信号，如移动通信、互联网和卫星通信等。此外，计算机内部的数据也是基于数字信号进行处理的。

数字信号可以用电压电平的形式表示。例如，图 1-3（a）中，用正电压表示"1"，用负电压表示"0"。此外，信号亦可用多个电平表示，如果有 L 个电平，那么每个电平都需要 $\mathrm{lb}L$ 位。图 1-3（b）表示的是一个有 4 个电平的数字信号，每个电平需要的位数＝$\mathrm{lb}4$＝2 位。

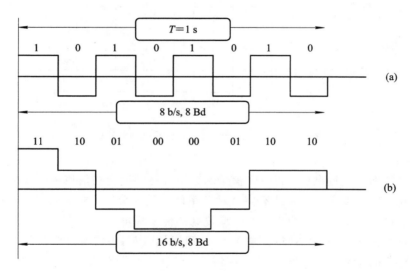

图 1-3　比特率和波特率的关系

比特（bit）是信息论中表示信息量的基本单位，它指的是二进制系统中一位的信息，可以表示为 0 或 1 两种状态。一个字节（Byte）等于 8 bit。

速率即数据率（Data Rate）或比特率（Bit Rate），是 1 s 内传输的比特数。速率的基本单位是比特每秒（bit/s 或 b/s），此外还有 kb/s、Mb/s、Gb/s 等。

在数字通信中，常常用时间间隔相同的符号来表示一个二进制数字，这样的时间间隔内的信号称为码元，而这个间隔被称为码元长度。码元速率的单位为波特率（Baud，Bd），是 1 s 内传输的码元数。

如图 1-3 中的两个信号，图 1-3（a）表示的是一个二进制码元，其比特率为 8 b/s，波特率为 8 Bd；图 1-3（b）为一个四进制码元，其比特率为 16 b/s，波特率为 8 Bd。

2. 基带信号与频带信号

1）基带信号（Baseband Signal）

基带信号是指信源发出的没有经过调制（即频谱搬移和变换）的原始电信号。基带信号的频率通常较低，其信号频谱从零频附近开始，具有低通形式。基带信号直接表达了要传输的信息,例如我们说话的声波就是一种基带信号。

在近距离范围内,由于基带信号的衰减不大,信号内容不易发生变化,因此计算机网络通常采用基带传输方式。例如,从计算机到监视器、打印机等外设的信号就是基带传输的。

在数字信道中传输计算机数据时,往往要对数字信号重新编码后再进行基带传输,常用数字信号的编码方式主要有非归零(Non Return to Zero,NRZ)编码、曼彻斯特编码(Manchester Coding)和差分曼彻斯特编码(Differential Manchester Coding)3 种。曼彻斯特编码与差分曼彻斯特编码如图 1-4 所示。

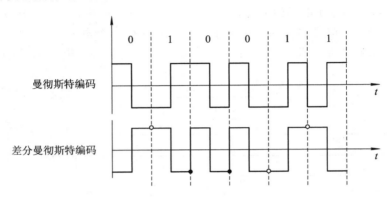

图 1-4　曼彻斯特编码与差分曼彻斯特编码

2)频带信号

频带信号是指经过调制后,将基带信号的频谱搬移到适合在信道中传输的频带范围内的信号。频带信号只包含了一种或有限几种频率的交流成分。转换成频带信号的目的是提高传输效率和抗干扰能力,以便更好地适应复杂的传输环境。

模拟调制类型包括调幅(AM)、调频(FM)和调相(PM);数字调制类型[数/模(D/A)信号转换]包括幅移键控(ASK)、频移键控(FSK)、相移键控(PSK)和正交幅度调制(QAM);使用调制的模/数(A/D)转换技术有脉冲幅度调制(PAM)、脉冲编码调制(PCM)和脉冲宽度调制(PWM)。

1.1.3　信道与信道容量

1. 信道

信道是指信息传递的通道或介质。根据传输内容的不同,信道可以分为模拟信道和数字信道:模拟信道是一种用于传输模拟信号的信道,其带宽是信道可以传输的频率范围,单位是 Hz;数字信道是一种用于传输数字信号的信道,其带宽是信道所支持的最大比特率,单位是 bit/s。

信道的带宽应始终大于要传输的信号的带宽,否则传输的信号将被衰减或失真,甚至导致信息丢失。

2. 信道容量

信道容量是指在单位时间内能够可靠传输的最大信息量。

1）理想信道容量

奈奎斯特定理（Nyquist Theorem）指出：在假定的理想（无噪声）条件下，为了避免码间串扰，最大数据传输率为

$$R = B\text{lb}M = 2W\text{lb}M \tag{1-1}$$

其中，B 是码元速率（Bd），W 是信道带宽（Hz），M 是码元种类数量或多相调制的相数。

2）有噪声的信道容量

实际中使用的信道都不是理想的，在传输信号时会产生各种失真，并受到多种干扰。香农定理（Shannon Theorem）给出了有噪声时的信道容量，即在给定的噪声条件下，在信道中能进行无差错传输的最大传输速率。此时，信道容量 C 可表达为

$$C = W\text{lb}\left(1 + \frac{S}{N}\right) \tag{1-2}$$

其中，W 为信道的带宽（Hz），S 为信道内所传信号的平均功率（W），N 为信道内部的高斯噪声功率（W）。

1.1.4　差错检测

信号在物理信道中传输时，会受到多种因素的影响而导致失真。这些因素包括线路自身电气特性造成的随机噪声、信号幅度的衰减、频率和相位的畸变以及电气信号在线路上产生的反射导致的回音效应。此外，相邻线路间的电磁干扰以及各种外界环境因素（如大气中的闪电、开关的跳火、外界强电流磁场的变化和电源波动等）也会对信号的传输质量造成负面影响。

数字信号在传输过程中可能会遇到两种类型的错误：第一种是单比特错误，是指传输中的数字信号中单个比特的值在接收方与发送方不一致，如 0 比特值变为 1；第二种是突发错误，是指连续多个比特的值在接收方与发送方不一致。

为了检测和纠正数据通信中的这些错误，发送方在原始数据字（k bit）中，通过特定的编码算法添加一些额外的冗余比特。这些冗余比特可以通过生成器产生，并用于编码生成 n bit 的码字。接收方在接收到码字后，会将其送入校验器中，根据这些冗余比特来检测原始数据字中是否存在错误，并在必要时进行校正。这个过程将帮助接收方检测和修复在传输过程中损坏的比特，从而恢复出原始的数据字。图 1-5 为编码及错误检测原理的示意图。

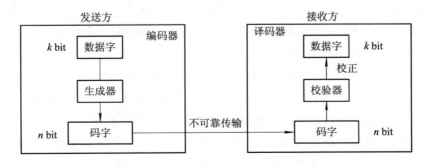

图 1-5　编码及错误检测原理

计算机通信中常用的差错检测方法有奇偶校验和分组校验两大类。

1. 奇偶校验

简单奇偶校验根据数据块中各位取"0"或者取"1"的状况,在每一个数据块的末尾添加一个校验位,使得数据块中"1"的个数(或"0"的个数)为奇数(或偶数)。在数据接收方,再次对接收到的数据计算奇偶值,并将计算结果与发送方传输的奇偶值进行比对,如果接收到的奇偶值与发送方传输的奇偶值不同,则说明传输过程中发生了错误。简单的奇偶校验可以检测所有的单个比特错误。

二维奇偶校验通过将数据组织成二维矩阵的形式,并在矩阵的行和列上分别进行奇偶校验,以提供额外的冗余信息用于检测数据传输中的错误。这种技术结合了行和列的校验信息,提高了错误检测的能力,并且对于某些类型的错误也提供了一定的纠错能力。

2. 分组校验

分组校验是一种基于数据块的差错检测方法,适合于同步通信。在计算机通信中,典型的分组校验方法有校验和法及循环冗余校验法。

1)校验和法(Checksum)

在发送方,校验和生成器将输入的数据划分为长度为 k bit 的相等段,每段逐位相加得到的和取反作为差错检测比特(校验和)添加到数据流中;在接收方,通过对接收的数据(包括校验和)的和取反来检测其结果是否正确。若结果全为 1,则表明接收的结果是正确的;否则,就表明收到的数据有差错。网络层的 IP 数据报采用的就是这种校验方法。

2)循环冗余校验法(CRC)

循环冗余校验法(CRC)是一种基于二进制除法(模 2 运算)的错误检测方法。在发送数据时,在原始数据序列后附加一个根据特定算法生成的校验码(CRC 码),接收端能够使用相同的算法进行模 2 运算,并通过比较运算结果(余数)是否为 0 来判断数据传输过程中是否出现了错误。

在发送方,对 k bit 的原始数据块补 $n-k$ 比特零(冗余位)作为被除数 n 比特,通过收发双方预先约定的生成多项式 $P(x)$ 产生除数,进行模 2(除法)运算,产生 $(n-k)$ bit 的余数(Remainder)作为校验码,并将其附加到数据序列末尾一起传输。在接收方,用收到的所有数据作为被除数,和发送方相同的除数再次进行模 2(除法)运算,如果余数为 0,则表明接收到的数据位是正确的,在传输过程中没有发生任何错误;如果余数不为 0,则说明接收到的数据在传输过程中有错误码。

以图 1-6 为例,发送方待发送的数据 $M=1101$(即 $k=4$),采用的生成多项式 $P(x)=x^3+x+1$,对应的除数 P 为 1011(多项式各项系数)。在此例中,$n-k=3$(即多项式 $P(x)$ 的最高次幂)。因此,在数据 M 后附加 3 个 0,形成被除数 1101000。通过模 2 除法(异或运算)后,得到的余数 R 为 001,商 Q 为 1111。这个余数 R 就作为 CRC 码附加在 M 的末尾发送出去。接收端收到数据后,用同样的方法进行模 2(除法)运算,如果数据传输无误,则计算出的余数 R 应为 0。

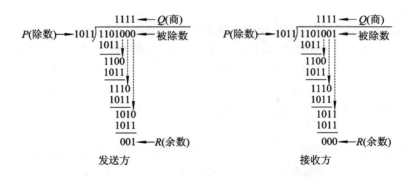

图 1－6　循环冗余校验法示例

1. 为什么需要调制？简单地将信息作为信号本身发送是否正确？
2. 列举出可以检测单个比特错误和突发错误的方法。
3. 给出数据多项式 x^4+x^2+x+1 的 CRC 码，其中生成多项式是 x^3+1。
4. 比特率和波特率有何区别？

1.2　计算机网络概述

1.2.1　计算机网络的定义

信息的传递要依靠网络，网络已成为信息社会的命脉和重要基础。目前有 3 种最主要的网络：电信网络（电话网）、有线电视网络和计算机网络。其中，计算机网络的发展最快，其技术已成为信息时代的核心技术。

计算机网络是一些互相连接的、自治的计算机的集合，由分布在不同地理区域的若干节点（Node）和连接这些节点的链路（Link）组成，节点可以是计算机、集线器、交换机和路由器等网络设备，链路包括光纤、网线、电话线、无线通信设备等。计算机网络可以方便地互相传递信息，共享硬件、软件、数据信息等资源。互联网（internet）是一些相互连接的计算机网络的集合。因特网（Internet）是世界上最大的互联网。

1.2.2　计算机网络的分类及发展

1. 计算机网络的分类

按计算机联网区域的大小，可以把网络分为局域网（Local Area Network，LAN）、广域网（Wide Area Network，WAN）、城域网（Metropolitan Area Network，MAN）和个人区域网（Personal Area Network，PAN）；按网络拓扑，可分为星形网、总线形网、树状网、环形网和网状网；按网络属性，可分为公有网和私有网。

1）局域网

局域网是指在一个较小地理范围内的各种计算机网络设备互相连接起来组成的通信网络，可以包含一个或多个子网，通常局限在几千米的范围之内，如在一个房间、一座大楼、一个校园内的网络就可以被称为局域网。局域网通常由一个企业或单位管理，由一些形式的以太网构成，如 Fast Ethernet（100 Mb/s）、Gigabit Ethernet（1000 Mb/s）等，并且由双绞线铜电缆、多模光纤电缆或某种形式的无线技术进行连接。

2）广域网

广域网连接的地理范围较大，常常是一个国家或一个洲，其目的是让分布较远的各局域网互联。广域网通常由因特网服务提供者（Internet Service Provider，ISP）管理，一般使用 DSL、PPP、Frame Relay 等技术进行连接。

2. 因特网

因特网指当前全球最大的、开放的、由众多网络相互连接而成的特定计算机网络，它采用 TCP/IP 协议族作为通信的规则，其前身是美国的 ARPANET。因特网的发展经历了3 个阶段：单个网络、三级结构的因特网（包括主干网、地区网和企业网）和多层次的 ISP 结构的因特网。

制定因特网的正式标准需要经过 4 个阶段：制定因特网草案（非 RFC 文档）、制定建议标准、制定草案标准和制定因特网标准。

因特网主要由以下两个部分组成（如图 1-7 所示）。

（1）边缘部分：也称端系统（End System），是指连接网络的一些路由器，由用户直接使用，用来进行通信（传送数据、音频或视频）和资源共享。

（2）核心部分：由大量网络和连接这些网络的路由器组成，提供连通性和交换功能。

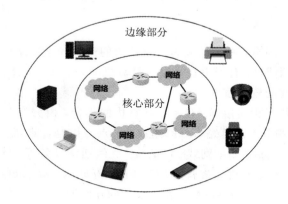

图 1-7　Internet 的构成

在网络边缘的端系统中运行的程序之间的通信方式通常可分为以下两种。

（1）客户/服务器方式（Client/Server，C/S）：客户是服务的请求方，服务器是服务的提供方。

（2）对等方式（Peer-to-Peer，P2P）：对等连接中的每一个主机既是客户又是服务器。

3. Internet 的发展

Internet 最初是用于军事和科研领域的分组交换网络，其主要功能是传输文件。随着多年的演变，它逐渐转型为一个基于 TCP/IP 协议的网络，服务于全球公众，并提供了电子邮件发送、网页浏览等多种应用。

随着计算机网络技术的发展，电信运营商也将语音、企业专线、3G/4G/5G 移动通信等电信业务统一迁移到 IP 网络上，并采用多协议标签交换（Multi-Protocol Label Switching，MPLS）、流量工程（Traffic Engineering，TE）、QoS 等技术，实现了电信业务 IP 化、IP 网络电信化、IP 网络技术向电信多业务承载网方向发展。

近年来，在移动互联、人工智能等技术发展的驱动下，利用 IPv6 和 IPv6＋技术，已经可以在 IP 网络上部署物联网（Internet of Things，IoT），实现用于传送智能和算力的万物互联、万物智联。未来 IP 网络将向更广（泛在连接）、更高（带宽）、更快（速率）、更低（时延）、更可靠、更智能的方向发展。

1.2.3 计算机网络体系结构

1. 电路交换与分组交换

1）电路交换（Circuit Switch）

经过建立连接（占用通信资源）、通话（一直占用通信资源）及释放连接（归还通信资源）3 个步骤完成的交换方式叫作电路交换。其重要特点是，在通话的全部时间内，通话的两个用户一直占用端到端的通信资源，其线路的传输效率很低。

2）分组交换（Packet Switch）

分组交换采用存储转发技术，在发送端把要发送的报文分隔为较短的数据块，然后给每个数据块增加带有控制信息的首部（Header）以构成分组（Packet），再依次把各分组发送到接收端，接收端剥去首部，抽出数据部分，还原成报文（Message），如图 1-8 所示。

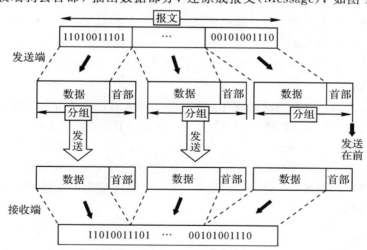

图 1-8　分组交换的概念

分组交换动态分配传输带宽，对通信链路逐段占用，传送方式灵活，以分组为单位传送和查找路由，不必先建立连接就能向其他主机发送分组，其分布式的路由选择协议使网络具备良好的生存性。但分组在各节点存储转发时需要排队，这就会造成一定的时延。分组必须携带的首部（里面有必不可少的控制信息）也造成了一定的开销。

2. 网络协议（Network Protocol）

网络协议简称协议，是为进行网络中的数据交换而建立的规则、标准或约定。相互通信的两个计算机系统必须高度协调工作,因此这种计算机之间通信时必须遵循相同的语言,这就是网络协议,比如 Internet 上使用的是 TCP/IP 协议。

网络协议的组成要素主要有以下 3 种。

(1) 语法(Syntax):数据与控制信息的结构或格式。

(2) 语义(Semantic):指明需要发出何种控制信息,完成何种动作以及作出何种响应。

(3) 时序(Time):事件实现顺序的详细说明。

协议在经国际标准组织或类似机构认定后,就成为标准。标准为产品制造商和供应商提供了指导方针,以确保国际互联互通。表 1-1 是计算机网络领域影响较大的标准化组织及制定的协议。

表 1-1　标准化组织及制定的协议

缩　写	全　称	制定的主要协议
ITU-T	国际电信联盟	电信业务 IP 化、物联网
ISO	国际标准化组织	网络互联模型
IEC	国际电工委员会	机械电气接口和互换性
IETF	互联网工程任务组	网络互联协议,标准主导者
IEEE	电气与电子工程师学会	Ethernet、WLAN
3GPP	第三代合作伙伴计划	无线 IP

3. 计算机网络的体系结构(Network Architecture)

计算机网络的体系结构就是计算机网络的各层及其协议的集合,并将计算机网络及其部件所应完成的功能精确定义。实现(Implementation)是指在遵循这种体系结构的前提下用何种硬件或软件完成这些功能。体系结构是抽象的,而实现则是具体的,是真正在运行的计算机硬件和软件。

"分层"可将庞大而复杂的问题转化为若干较小的局部问题,而这些较小的局部问题比较易于研究和处理。各层的功能包括差错控制、流量控制、分段和重组、复用和分用、连接建立和释放等。协议遵从"分层对等"原则,协议是"水平的",即协议是控制对等实体之间通信的规则;服务是"垂直的",即服务是由下层向上层通过层间接口提供的,下面的协议对上面的服务用户是透明的,即本层的服务用户只能看见服务而无法看见下面的协议。

4. OSI 与 TCP/IP

1) OSI 模型

国际标准化组织(International Organization for Standardization,ISO)定义了网络互联的 7 层框架,即开放系统互连(Open System Internetwork,OSI)。OSI 是一个概念性的理论参考模型。OSI 的各层自底向上分别为物理层、数据链路层、网络层、传输层、会话层、表示层和应用层。各层的功能分别介绍如下。

(1) 物理层(Physical Layer):利用传输介质在通信的网络节点之间建立、管理和释放物理连接,实现比特流的透明传输,为数据链路层提供数据传输服务。物理层的数据传输单元是比特。

(2) 数据链路层(Data Link Layer):在物理层的基础上,数据链路层在通信的实体间建立数据链路连接，传输以帧（Frame）为单位的数据包，并采用差错控制与流量控制算法，使有差错的物理线路变成无差错的数据链路。数据链路层还管理物理地址以及访问控制。

（3）网络层（Network Layer）：通过路由选择算法为分组选择最适当的路径，以及实现拥塞控制、网络互连等功能。网络层的数据传输单元是分组。

（4）传输层（Transport Layer）：向用户提供可靠的端到端服务，包括数据分段、重组、流量控制和错误恢复。传输层还负责端口号的管理，确保应用程序可以正确接收和发送数据。

（5）会话层（Session Layer）：负责维护两个节点之间会话连接的建立、管理和终止以及数据的交换。

（6）表示层（Presentation Layer）：用于处理两个通信系统中交换信息的表示方式，主要包括数据格式变换、数据加密和解密、数据压缩与恢复等。

（7）应用层（Application Layer）：与用户进行交互为应用程序提供网络服务。应用层支持各种网络应用，如电子邮件、文件传输、远程登录等。

OSI 各层的性能如表 1-2 所示。

表 1-2　OSI 各层性能比较

分层	功能描述	常用协议	协议数据单元	本层设备
应用层	用户接口	HTTP，FTP，TFTP，TELNET，SNMP，DNS 等	Data	—
表示层	数据表示、加密、解密	Video（WMV、AVI 等），Bitmap（JPG、BMP、PNG 等），Audio（WAV、MP3、WMA 等）	Data	—
会话层	建立、监控和终止连接会话	SQL，RPC，NETBIOS 等	Data	—
传输层	流量控制（缓冲、窗口、拥塞避免）、防止段丢失和重传	TCP（面向连接），UDP（无连接）	段（Segment）	4 层交换机
网络层	路径的确定、源和目的地的逻辑地址	IP，IPX，Apple Talk	分组（Packet）/数据报（Datagram）	路由器（Router）/3 层交换机
数据链路层	物理地址、逻辑链路控制（LLC）、介质访问控制（MAC）	LAN，WAN（HDLC、PPP、Frame Relay 等）	帧（Frame）	交换机（Switch）/网桥（Bridge）
物理层	编码和传输数据、电信号、无线电信号	FDDI，Ethernet	位（Bit）	集线器（Hub）转发器/（Repeater）等

2) TCP/IP

我们目前在实际中广泛使用的是 TCP/IP(Transmission Control Protocol/Internet Protocol)模型，它是用于计算机通信的一组协议，是实际应用的网络标准，我们通常称它为 TCP/IP 协议族。TCP/IP 和 OSI 模型结构的比较如图 1-9 所示。

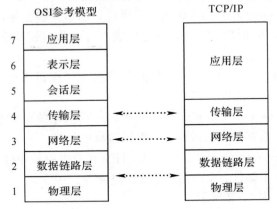

图 1-9　OSI 与 TCP/IP 协议的区别

一般把对等层之间传送的数据单位称为协议数据单元(Protocol Data Unit，PDU)。在传输过程中，假定主机 1 的应用进程 AP_1 向主机 2 的应用进程 AP_2 传送数据。根据 1.2.3 节介绍的分层对等的原则，AP_1 先将其数据交给主机 1 的第 5 层(应用层)，第 5 层加上必要的控制信息(首部)H_5 就变成了下一层的数据单元，第 4 层(传输层)收到这个数据单元后，再加上本层的控制信息 H_4，变成段(Segament)后交给第 3 层(网络层)，以此类推，第 3 层加上控制信息 H_3 交给第 2 层(数据链路层)，数据链路层的控制信息有两部分，分别加到数据的首部和尾部，最后将数据送到第 1 层(物理层)，以比特流的形式开始传送，如图 1-10 所示。

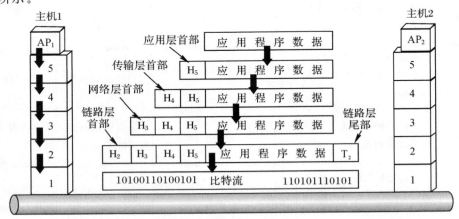

图 1-10　分组分层传输过程

1.2.4　计算机网络性能指标

1. 速率与带宽

速率的定义已在 1.1.2 节中介绍过，它是计算机网络中最重要的一个性能指标。速率往往是指额定速率或标称速率。

　　带宽本来是指信号具有的频带宽度，单位是 Hz(或 kHz、MHz、GHz 等)。现在带宽是数字信道所能传送的最高数据率的同义语，单位是 bit/s 或 b/s。

2．丢包率

　　当信道存在干扰，或者节点缓存溢出时，会丢弃分组。丢包率(Packet Loss Rate)是指测试中所丢失的数据包数量占所发送的数据包数量的比率。

3．吞吐量(Throughput)

　　吞吐量是指在单位时间内通过某个网络(或信道、接口)的数据量。吞吐量受网络带宽或网络额定速率的限制，其单位为 bit/s。

　　图 1-11 为吞吐量示意图，横坐标为网络输入的负载，纵坐标为吞吐量。理想情况下，如果加入拥塞控制，当负载较小时，随着负载的增加，吞吐量也会线性增加，但当吞吐量增加到一定程度时，则不再增加，如图中点画线所示；实际情况下，如果没有拥塞控制，当网络中通信用户增多时，流量增大，由于发生了拥塞，会使吞吐量下降，甚至死锁，导致吞吐量为零，如图中粗实线所示；实际情况下，如果加入拥塞控制，会使吞吐量随负载的增加而增加，不至于发生死锁，如图中细虚线所示。

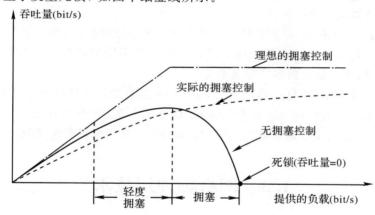

图 1-11　吞吐量及拥塞示意图

4．时延

　　(1) 传输时延(发送时延)：发送数据时，数据块从节点进入到传输介质所需要的时间，也就是从发送数据帧的第一个比特算起，到该帧的最后一个比特发送完毕所需的时间。传输时延等于数据长度除以发送速率。

　　(2) 传播时延：电磁波在信道中传播一定的距离需要花费的时间。传播时延等于传播距离除以传播速率，单位为 m/s。信号传输速率(即发送速率，单位为 bit/s)和信号在信道上的传播速率是完全不同的概念。

　　(3) 处理时延：交换节点为存储转发而进行的一些必要的处理所花费的时间。

　　(4) 排队时延：节点缓存队列中分组排队所经历的时间。排队时延的长短取决于网络中当时的通信量。

　　数据经历的总时延就是发送时延、传播时延、处理时延和排队时延之和，如图 1-12 所示。

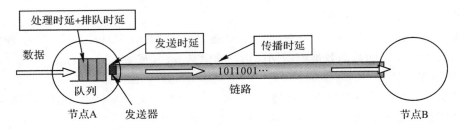

图 1 - 12　时延示意图

5．时延带宽积

时延带宽积是指某一段物理链路上传播时延与链路带宽的乘积，即某一段链路上可以容纳的数据位数。

1．为什么要进行分层的网络设计？

2．详细解释协议及其应用。

3．OSI 模型和 TCP/IP 模型是什么？列出其层次划分情况，并解释各层的作用。

4．对于某带宽为 4000 Hz 的低通信道，采用 16 种不同的物理状态来表示数据。按照奈奎斯特定理，信道的最大数据传输速率是多少？

5．设信道带宽为 1000 Hz，信噪比为 30 dB，则信道的最大数据速率是多少？

6．收发两端之间的传输距离为 1000 km，信号在介质上的传播速率为 2×10^8 m/s。数据长度为 10^7 bit，数据发送速率为 100 kb/s。试计算其发送时延和传播时延分别为多少。

1.3　网络物理层技术

1.3.1　物理层传输介质

1．有线介质

有线介质包括双绞线、同轴电缆、光缆等。本节主要介绍一些网络常用的介质技术。

1）双绞线

局域网或广域网连接需要考虑不同的介质类型，因此需要有多种相应的物理层实现。UTP 电缆连接是由电子工业联盟/电信工业协会（EIA/TIA）指定的。RJ - 45 公头连接器可以连接在电缆的末端。如图 1 - 13 所示，从接头正前方观察，从左至右，引脚编号为 1～8。其中，T568A 的线序为白绿、绿、白橙、蓝、白蓝、橙、白棕、棕；T568B 的线序为白橙、橙、白绿、蓝、白蓝、绿、白棕、棕。

在一个以太网类型的局域网中，设备之间的连接使用两种类型的双绞线接口：直通线（Media-Dependent Interface，MDI）和交叉线（Media-Dependent Interface，Crossover，MDIX）。通常情况下，当连接不同类型的设备时使用直通电缆，当连接同一类型的设备时使用交叉电缆，如图 1-14 所示。

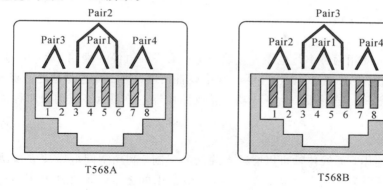

图 1-13　RJ-45 引脚图

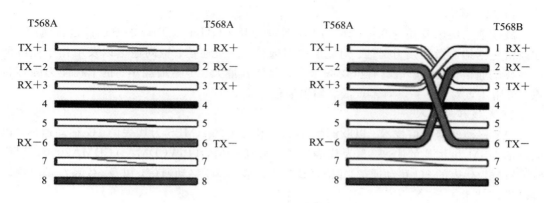

图 1-14　RJ-45 连线图

（1）直通线。直通线是两端采用相同的 T568A 或 T568B 标准的接线。直通线通常用于以下场合：交换机至路由器的以太网端口，计算机至交换机，计算机至集线器。

（2）交叉线。交叉线是一端采用 T568A 标准，另一端采用 T568B 标准的接线。交叉线通常用于以下场合：交换机至交换机，交换机至集线器，集线器至集线器，路由器之间的以太网端口，计算机至计算机，计算机至路由器的以太网端口。

2）光纤

光纤通信利用光在光纤中的全反射传递来进行通信。目前光纤通信系统的传输带宽远大于其他各种传输介质的带宽。在光纤通信中，常用的 3 个光波波段的中心波长分别为850 nm、1300 nm、1550 nm。常用的光纤规格有单模光纤（8/125 μm、9/125 μm、10/125 μm）、多模光纤 50/125 μm（欧洲标准）或 62.5/125 μm（美国标准）。

3）同轴电缆

同轴电缆由中心导体、绝缘材料层、网状织物构成的屏蔽层和外部隔离材料层组成。基带同轴电缆（50 Ω）用于数字传输，分为粗缆（10 Base5）和细缆（10 Base2）两种，在早期局域网中广泛使用。宽带同轴电缆（75 Ω）可用于模拟传输和数字传输，目前主要用于有线电视的入户线。

4）控制台电缆

控制台电缆通常用于 RJ-45 至 DB-9 母头转接线到控制台的连接，它是通过 DB-9

连接器插到一个可用的计算机上的 EIA/TIA 232 串口上的。如果有一个以上的串口,则端口号将被用于控制台连接。

5) 串口电缆

串口电缆通常使用两种串行电缆连接路由器。第一种电缆一端用 DB-60 公头连接路由器,而另一端用温彻斯特 15 针连接器与网络设备相连;第二种电缆是更紧凑的版本,它在设备端使用智能串行连接器。为了成功连接到路由器,必须能够识别出两种不同类型的电缆。

2. 无线介质

在计算机网络中,无线传输可以突破有线网的限制,利用空间电磁波实现站点之间的通信。无线介质可以为广大用户提供移动通信。最常用的无线传输介质有无线电波、微波和红外线。常用的无线通信技术有微波通信和无线移动接入两种。

1) 微波通信

微波通信使用波长为 0.1 mm~1 m,频率为 0.3 GHz~3 THz 的电磁波进行通信。微波通信包括地面微波接力通信、对流层散射通信、卫星通信、空间通信以及工作于微波波段的移动通信。微波通信具有可用频带宽、通信容量大、传输损耗小、抗干扰能力强等特点,可用于点对点、一点对多点或广播等通信方式。

2) 无线移动接入

(1) 移动蜂窝通信技术。以欧洲的 TACS 和北美的 AMPS 为代表的 1G 移动通信,以欧洲的 GSM 和北美的 IS-95 为代表的 2G 移动通信,以 WCDMA、CDMA2000、TD-SCDMA 为代表的 3G 移动通信,以 LTE 等为代表的 4G 移动通信,以及 5G 系统都是移动蜂窝通信技术。

(2) 无线局域网技术。以 IEEE802.11、HIPERLAN 为代表的通信技术就是无线局域网技术。其中,802.11b 技术标准是无线局域网的国际标准,使用 2.4 GHz 的 ISM 频段,主要工作在 OSI 的物理层和数据链路层,其物理层支持多种速率。802.11b 技术标准采用直接序列扩谱(Direct Sequence Spread Spectrum,DSSS)技术进行调制解调,增强了抗干扰能力,提高了传输速度,它的有效通信距离为 100~300 m。

(3) 短距离无线通信技术。蓝牙(Bluetooth)、红外(Infrared Data Association,IrDA)、ZigBee、超宽带(Ultra Wide Band,UWB)、短距离通信(Near Field Communication,NFC)、射频识别(Radio Frequency Identification,RFID)等技术均属于短距离无线通信技术。

1.3.2 网络设备

1. 物理层设备

物理层设备亦称 1 层设备,其主要功能是对信号进行放大和整形。1 层设备主要有以下 2 种:

(1) 转发器(Repeater):又被称为中继器或者放大器,用于互连两个相同类型的网段,主要功能是延伸网段和改变传输介质,从而实现信息位的转发。

(2) 集线器(Hub):可以视为多端口的转发器,将接收到的任何数字信号放大,然后以共享带宽的形式从其他端口发出,从而实现星形拓扑的局域网。

2. 数据链路层设备

数据链路层设备亦称 2 层设备，其主要功能是学习端口上连接设备的 MAC 地址，然后根据学习到的 MAC 地址信息进行数据转发。正是因为有了 MAC 地址表，所以才充分避免了冲突。交换机的每一个端口就是一个冲突域。2 层设备主要有以下 3 种：

（1）适配器：又称网络接口卡（Network Interface Card，NIC）或网卡。适配器用于计算机和局域网的通信。

（2）网桥（Bridge）：用于在数据链路层扩展以太网。网桥含有转发表，它根据 MAC 帧的目的地址对收到的帧进行转发和过滤。网桥隔离冲突域，但不隔离广播域。

（3）第 2 层交换机（Layer 2 Switch）：是多接口的网桥，又称以太网交换机，可实现虚拟局域网（Virtual LAN，VLAN）。

3. 网络层设备

网络层设备亦称 3 层设备，它比 2 层设备更突出的一个功能就是能够隔离广播域。3 层设备主要有以下 2 种：

（1）第 3 层交换机（Layer3 Switch）：能够进行路由转发，具有一部分路由器的功能。

（2）路由器（Router）：连接因特网中各局域网、广域网的设备。路由器拥有路由选择处理机、交换结构、一组输入端口和一组输出端口。

路由器是一种典型的计算机，包括与普通 PC 相同的硬件和软件，如处理器、内存、只读存储器、操作系统等。

路由器的主要目的是连接多个网络以及在网络之间转发数据。因此，一个路由器通常有多个接口，每个接口连接不同的主机或者主机上不同的网络。

路由器中通常有一个路由表，路由器包括其自己的接口，即直接连接的网络地址以及远程网络的网络地址。有两种方式可以将远程网络地址添加到路由表中，即由人工手动配置静态路由或者使用动态路由协议。

路由器在第 3 层作出转发判决，因此是 3 层设备，但路由器的接口有 1、2、3 层的作用。3 层的 IP 数据包被封装成 2 层的数据链路帧，并在 1 层编码成比特。路由器接口可参与 2 层的封装，例如，一个路由器的以太网接口可参与地址解析协议（Address Resolution Protocal，ARP）过程。

1.3.3　数字传输系统

1. 脉码调制 PCM 体制

脉码调制（Pulse Code Modulation，PCM）体制最初是为了在电话局之间的中继线上传送多路电话。由于历史原因，PCM 有两个互不兼容的国际标准，即北美的 24 路 PCM（简称 T1）标准和欧洲的 30 路 PCM（简称 E1）标准。我国采用的是欧洲的 E1 标准。E1 的速率是 2.048 Mb/s，而 T1 的速率是 1.544 Mb/s。

当需要有更高的数据率时，可采用复用的方法，但这种方法存在以下缺点：

（1）速率标准不统一。如果不对高次群的数字传输速率进行标准化，则国际范围的高速数据传输就很难实现。

（2）不是同步传输。在过去相当长的时间里，为了节约经费，各国的数字网主要采用准同步方式。

2. 同步光纤网 SONET 和同步数字系列 SDH

（1）同步光纤网（Synchronous Optical Network，SONET）：美国于 1988 年推出的一个数字传输标准，它的各级时钟都来自一个非常精确的主时钟。SONET 为光纤传输系统定义了同步传输的线路速率的等级结构，第 1 级同步传送信号 STS－1（Synchronous Transport Signal）的传输速率是 51.84 Mb/s。光信号则称为第 1 级光载波 OC－1，OC 表示 Optical Carrier。

（2）同步数字系列（Synchronous Digital Hierarchy，SDH）：ITU－T 以美国标准 SONET 为基础所制定的国际标准。一般可认为 SDH 与 SONET 是同义词，两者的主要不同点是：SDH 的基本速率为 155.52 Mb/s，SDH 被称为第 1 级同步传递模块（Synchronous Transfer Module），即 STM－1，其速率相当于 SONET 体系中的 OC－3 的速率。

目前 SONET/SDH 标准已成为世界公认的新一代理想的传输网体制标准。SDH 标准也适用于微波和卫星传输体制。

1.3.4　宽带接入技术

1. xDSL 技术

数字用户线路（Digital Subscriber Line，DSL）是以铜质电话线为传输介质的传输技术组合，xDSL 技术就是用数字技术对现有的模拟电话用户线路进行改造，将 0～4 kHz 的低端频谱留给传统电话使用，而将原来没有被利用的高端频谱留给用户上网使用，使得模拟电话用户线路能够承载宽带业务。DSL 的前缀 x 表示在数字用户线路上实现的不同宽带方案，它们主要的区别就是体现在信号传输速度和距离的不同以及上行速率和下行速率对称性的不同这两个方面。

xDSL 技术主要分为以下几种：

（1）非对称数字用户线路（Asymmetric Digital Subscriber Line，ADSL）。

（2）高速数字用户线（High speed DSL，HDSL）。

（3）1 对线的数字用户线路（Single-line DSL，SDSL）。

（4）甚高速数字用户线路（Very high speed DSL，VDSL）。

HDSL 与 SDSL 支持对称的 T1/E1 传输。其中 HDSL 的有效传输距离为 3～4 km，且需要 2～4 对铜质双绞电话线；SDSL 最大有效传输距离为 3 km，只需一对铜线。对称 DSL 更适用于企业点对点连接应用，如文件传输、视频会议等收发数据量大的工作。

VDSL 与 ADSL 属于非对称式传输。VDSL 技术是 xDSL 技术中最快的一种，上行数据的速率为 13～52 Mb/s，下行数据的速率为 1.5～2.3 Mb/s，但其传输距离只有几百米，VDSL 可以成为光纤到家庭的具有高性价比的替代方案；ADSL 在一对铜线上支持上行速率 640 kb/s～1 Mb/s，下行速率 1～8 Mb/s，有效传输距离为 3～5 km。

2. 混合光纤同轴电缆网技术

混合光纤同轴电缆（Hybrid Fiber Coaxial，HFC）网是在目前覆盖面很广的有线电视网

CATV 的基础上开发的一种居民宽带接入网。HFC 网除可传送 CATV 外，还提供电话、数据和其他宽带交互型业务。现有的 CATV 网是树状拓扑结构的同轴电缆网络，它采用模拟技术中的频分复用技术对电视节目进行单向传输。而 HFC 网则需要对 CATV 网进行改造，例如用光纤代替铜缆，插入调制解调器等光电转换模块来实现双向通信。

3. FTTx 技术

FTTx 也是一种实现宽带居民接入网的方案。这里字母 x 代表的意思不统一。

（1）光纤到家（Fiber To The Home，FTTH）：光纤一直铺设到用户家庭可能是居民接入网最后的解决方法。

（2）光纤到大楼（Fiber To The Building，FTTB）：光纤进入大楼后就转换为电信号，然后用电缆或双绞线分配到各用户。

（3）光纤到路边（Fiber To The Curb，FTTC）：从路边到各用户可使用星形结构双绞线作为传输介质。

1.4　Cisco Packet Tracer 模拟仿真工具简介

1.4.1　网络仿真工具

网络研究有两个目的：一是要不断探索新的网络协议和算法，为网络发展做前瞻性的基础研究；二是要研究如何利用和整合现有的资源，以得到最高的运行效率。

进行网络技术的研究一般有以下 3 种手段：

（1）分析方法：对所研究的对象和所依存的网络系统进行分析。分析方法根据一定的限定条件和合理假设，对研究对象和系统进行描述，抽象出研究对象的数学分析模型，然后再利用数学分析模型对问题进行求解。为简化分析，需要作一定的假设，这样就会使这种方法的有效性和精确性受限。当一个系统很复杂时，就无法用一些限制性假设来对系统进行详细描述。

（2）实验方法：设计出研究所需要的合理的硬件和软件配置环境，建立测试平台和实验室，在现实的网络上实现对网络协议、网络行为和网络性能的研究。这种方法成本很高，重新配置或共享资源很难，运用起来需要花费较多的时间和费用。

（3）仿真方法：应用网络仿真软件建立所研究的网络系统的模拟模型，然后在计算机上运行这个模型，并分析运行的输出结果。仿真方法可以弥补前两种方法的不足，可以根据需要设计所需的网络模型，用相对较少的时间和费用了解网络在不同条件下的各种特性，获取网络研究的丰富、有效的研究数据。

网络仿真也叫网络模拟，是用计算机程序对通信网络进行模型化，通过运行程序来模仿通信网络运行的过程。网络仿真既可以取代真实的应用环境，得出可靠的运行结果和数据，也可以模仿一个系统过程中的某些行为和特征。

当前有许多优秀的网络仿真软件，如 OPNET、NS2、GNS3 等，这为网络研究人员提供了很好的网络仿真平台。主流的网络仿真软件都采用了离散事件模拟技术,并提供了丰富的网络仿真模型库和高级语言编程接口,这无疑提高了仿真软件的灵活性和其使用的方便性。

1) NS2(Network Simulator version 2)

NS2 是一种面向对象的网络仿真器,本质上是一个离散事件模拟器。NS2 是由 UC Berkeley 开发的,它本身有一个虚拟时钟,所有的仿真都是由离散事件驱动的。目前 NS2 可以用于仿真各种不同的 IP 网,已经实现的一些仿真有:网络传输协议,如 TCP 和 UDP;业务源流量产生器,如 FTP、Telnet、Web CBR 和 VBR;路由队列管理机制,如 Drop tail、RED 和 CBQ;路由算法,如 Dijkstra 等。NS2 也为能够进行局域网的仿真而实现了多播以及一些 MAC 子层协议。

2) OPNET

OPNET 是 OPNET Technologies Inc.公司的产品,最早由麻省理工学院信息决策实验室受美国军方委托开发。目前,该产品在通信、国防及计算机网络领域获得了广泛的认可和应用,它被 NETWORK WORLD 评选为"世界级网络仿真软件"。

OPNET 通过多层子网嵌套来实现复杂的网络拓扑管理。OPNET 提供了 3 层建模机制,分别为进程级(Process Level)、节点级(Node Level)和网络级(Network Level)建模。OPNET 在进程级对各对象行为进行仿真,然后互联进程级对象形成节点级的设备,再通过链路将设备互联形成网络级的网络,最后将多个网络场景组织在一起形成工程。

3) GNS3

GNS3 的全称是 Graphical Network Simulator,是一款具有图形化界面并且可以运行于多个平台(包括 Windows、Linux、MacOS 等)的网络虚拟软件。它是 Dynamips 仿真软件的一个图形前端,是一款开源的网络虚拟软件。它适用于多种操作系统,并且很容易进行软件的安装,比其他网络虚拟软件更容易上手和更具有可操作性。GNS3 可为 Cisco 网络工程师、管理员以及想要通过 CCNA、CCNP 和 CCIE 等 Cisco 认证考试的相关人员提供模拟的实验环境,这些人员可以用它进行相关实验模拟操作,并且完成对于一些复杂网络环境的模拟。

1.4.2　Cisco Packet Tracer 简介

Cisco Packet Tracer 软件是 Cisco 公司使用 Qt 开发的一款功能强大的计算机网络仿真工具,它可以运行在 Windows、Linux 和 MAC OS 平台上,并且提供了非常真实的网络仿真环境,同时可以为网络初学者提供计算机网络设计、配置和网络故障排除的仿真环境的学习平台。Cisco Packet Tracer 软件支持用户建立仿真、虚拟和活动网络模型,能够满足思科认证网络工程师(Cisco Certified Network Associate,CCNA)和部分思科认证资深网络工程师(Cisco Certified Network Professional,CCNP)的仿真实验。Cisco Packet Tracer 软件通过一组简化的网络设备和协议模型、真实的计算机网络保留和基准来了解网络行为及开发网络的技巧。使用者可在软件的图形用户界面上直接使用拖曳方法建立网络拓扑,并且可以利用软件中的互联网操作系统(Internetwork Operating System,IOS)子集配置设备,Cisco Packet Tracer 软件提供了数据包在网络中行进的详细处理过程,使用户可以观察网络实时运行的情况。Cisco Packet Tracer 不但可以用于组建网络和配置设备,还可以演示各种数据报传递的过程,它以规范的格式形象地展示各种数据报,并给出数据报中各个字段的具体参数，这对于理解网络通信协议有很大帮助。在 Cisco Packet Tracer 的 Simulation 模式下，该软件可以实现报文追踪功能，从而帮助用户深刻地理解报文的处理流转过程，解决网络实验设计、搭建、可行性、网络检修等一系列问题，激发用户学习的积极性，培养其自主学习和团结协作的能力。

进入 Cisco Packet Tracer 的主界面，可以看到工作区、设备类型选择区、子设备选择区、公共工具区、操作模式和工作区模式等，如图 1 - 15 所示。下面针对图中的椭圆区域 1～10 分别进行介绍。

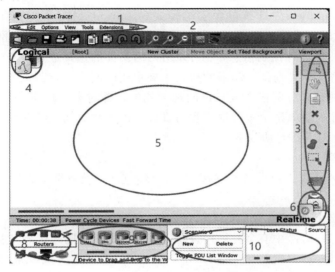

图 1 - 15　Cisco Packet Tracer 软件主界面

1. 菜单栏

菜单栏提供了 File(文件)、Edit(编辑)、Options(选项)、View(视图)、Tools(工具)、Extensions(扩展)、Help(帮助)等选项的菜单，通过使用这些选项菜单，可以新建、打开和保存文件，还可以进行复制、粘贴等编辑操作，以及获得软件帮助信息等。此外，从扩展菜单中，还可以访问活动向导。

2. 工具栏

工具栏的工具条为文件和编辑菜单命令提供了快捷图标，如缩放(Zoom)、绘图板(Drawing Palette)和设备的模板管理器(Device Template Manager)。在右边，有一个 Network Information(网络信息)按钮，用户可以使用它来输入当前网络的描述信息(或希望包含的任何文本)。

3. 拓扑工作区工具条

此栏提供常用的工作区工具，包括选择(Select)、移动布局(Move Layout)、放置节点(Place Note)、删除(Inspect)、检查(Inspect)、添加简单的协议数据单元(Protocal Data Unit，PDU)和添加复杂的 PDU。

4. 逻辑/物理工作空间和导航栏

用户可以通过此栏上的标签，进行物理工作区和逻辑工作区的切换。当用户使用逻辑工作区时，可进行网络拓扑结构的设计、检测设备端到端的连通性、配置网络设备等。当用户使用物理工作区时,可模拟出城市间的地理关系、每一个城市内建筑物的布局和建筑物内配线间的布局。此外,用户还可以通过两种工作区的结合来检测设备连接的传输介质是否合适。

5. 拓扑工作区

拓扑工作区用于添加设备、创建网络拓扑、观察仿真结果,并且还可以查看相关统计信息。此区域是配置网络和测试网络的主要场所。

6. Realtime/Simulation 工具条

Realtime/Simulation 工具条包含实时模式(Realtime Mode)和仿真模式(Simulation Mode)。实时模式的所有仿真都是对真实网络系统的仿真,用户可查看网络设备的配置信息以及路由表和转发表等控制信息,还可以对网络拓扑的仿真进行检查。实时模式一般用于网络测试,而仿真模式则是以动画的形式来展示实际网络运行测试的一种仿真方式。仿真模式可以用来观察和分析报文或分组的端到端的传输过程。此外,Realtime/Simulation 工具条还包含一个时钟,显示实时模式和仿真模式的相对时间。用户可以对网络传输的数据包进行捕获,并对其进行协议分析。

7. 网络部件区

在网络部件区可以选择设备并连接到工作区,它由"设备类型选择区"和"设备型号选择区"构成。

8. 设备类型选择区

在"设备类型选择区"中有多种硬件设备,图 1-15 中的椭圆区域 8 从左至右、从上到下依次为路由器(Router)、交换机(Switch)、集线器(Hub)、无线设备(Wireless Device)、设备之间的连线(Connections)、终端设备(End Device)、仿真广域网(WAN Simulation)、自定义设备(Custom Made Devices)、多用户连接(Multiuser Connection)等。

9. 设备型号选择区

在"设备类型选择区"中单击某种设备,此区域会列出所有可供选择的设备型号。

10. 数据包跟踪区

数据包跟踪区用于管理仿真场景中的数据包。

1.4.3 CLI 命令介绍

Cisco 网络设备是通过 IOS 实现设备的配置和管理的,Cisco IOS 利用命令行接口(Command Line Interface,CLI)进行操作。在 Cisco IOS 中的所有命令不区分大小写,都可以使用和 Linux 一样的 Tab 键来补全,并且这些命令大多都有简写形式。命令中的每个单词只需要输入前几个字母,只要输入的字母个数足够与其他命令相区分即可,如 configure terminal 命令可简写为 conf t。

Cisco IOS 有 3 种命令模式:用户模式(User Mode)、特权模式(Privileged Mode)和全局模式(Global Mode)。不同模式具有不同的配置权限,下面以路由器为例进行介绍。

1. 用户模式

在用户模式下,用户只能查看网络设备的状态,不能对网络设备进行具体的配置,也不能修改网络设备的状态和控制信息,该模式的权限是最低的。用户执行模式采用以">"符号结尾的 CLI 提示符标识。用户使用"?"可以查看相关的配置命令,如图 1-16 所示。

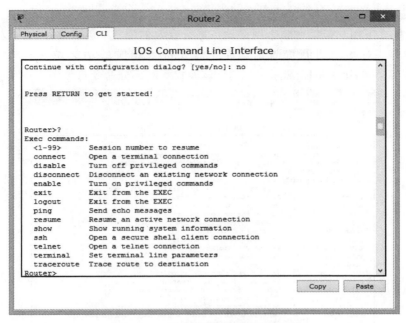

图 1-16　用户模式下的部分命令行

2. 特权模式

在特权模式下用户能够对网络设备的状态和控制信息进行修改。在该模式下，绝大多数命令用于测试网络、检查系统等。此外，保存配置文件、重启设备也在本模式下进行。该模式下用户不能对端口及网络进行配置。特权模式采用以"#"符号结尾的 CLI 提示符标识，该模式下的部分命令行如图 1-17 所示。

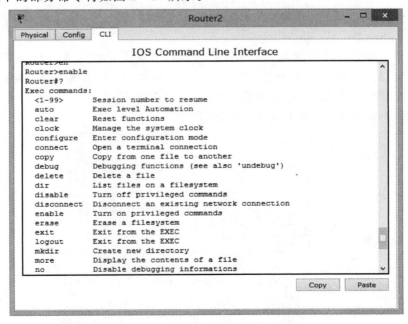

图 1-17　特权模式下的部分命令行

3. 全局模式

在全局模式下用户能够对整个网络设备进行有效的配置,包括设备的协议类型、参数与端口划分等。对接口进行配置时,首先需要进入相应的功能块。全局模式采用以"(config)#"符号结尾的 CLI 提示标识符,该模式下的部分命令行如图 1-18 所示。

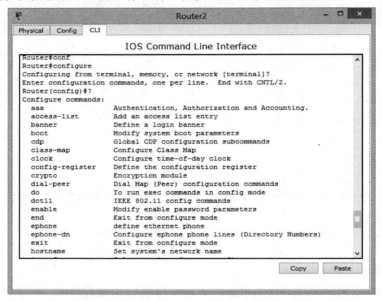

图 1-18　全局模式下的部分命令行

在配置网络设备时,时常需要查看当前配置的内容,例如:

(1) 查看之前的配置:show running-config。

(2) 查看 VLAN 信息:show vlan-switch。

(3) 查看路由表信息:show ip route。

若对软件了解得还不够深入,在配置命令行时遇到不了解的命令行或参数,可输入"?"来查看当前允许配置的命令行或参数,再选择合适的命令行或参数进行配置。例如,如果要查询以"co"开头的命令,可以使用"co?"。

几种模式之间的状态转换如图 1-19 所示。

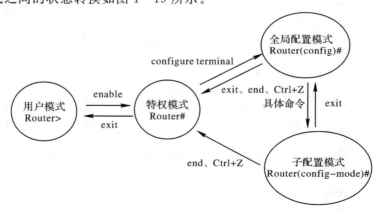

图 1-19　几种模式之间的状态转换

（1）enable 和 disable 命令用于使 CLI 在用户执行模式和特权执行模式间转换。要访问特权执行模式，可使用 enable 命令。

（2）输入 configure terminal 或 conf t 或者用[Tab]键补全命令，均可从特权模式转换到全局配置模式。用 exit 或者 Ctrl＋Z 可以退出全局模式。

（3）使用 exit 可以从子配置模式退到全局配置模式。使用 end 或者 Ctrl＋Z 可以从子配置模式直接退到特权模式。

1.5　Cisco Packet Tracer 仿真实例

1.5.1　Cisco Packet Tracer 点对点仿真实例

本实例仿真一个从客户机访问服务器的点对点连接（如图 1-20 所示），并且对在 Cisco Packet Tracer 软件中创建设备、添加模块、完成连接和建立网络的过程进行介绍。

图 1-20　仿真拓扑图

1. 设备选择及添加

首先根据网络拓扑需要，在左下角的"设备类型选择区"（对应于图 1-15 的 8 号区域）中选择所需的设备类型，然后在"设备型号选择区"（对应于图 1-15 的 9 号区域）中选择子设备，即该设备的设备型号。

如图 1-21 所示，本实例的 PC 及子设备类型选择"End Devices/Generic"，然后选择相应的服务器，将其拖至"拓扑工作区"（对应于图 1-15 的 5 号区域）内。如果不选择设备型号，则在设备类型会选择一个默认型号的设备。

图 1-21　设备选择及添加

2．添加模块

单击一个设备，打开其配置窗口(如图 1-22 所示)，会看到这个设备的物理设备视图面板(Physical Device View)，也可选择不同的选项卡查看此设备的其他属性。

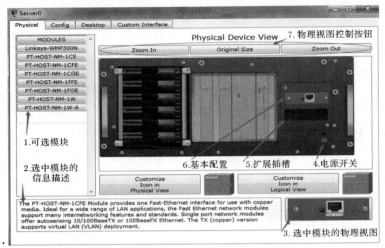

图 1-22　模块选择及添加过程

在模块列表中单击选择，并在底部查看有关模块的属性介绍，再将选定的模块添加至合适的插槽内，若将模块拖回列表就表示删除了该模块。注意在添加模块前要先断电再添加，这是因为实际添加模块时，不能带电拔插。

3．设备连接

为了实现设备之间的连接，需要在"设备类型选择区"中选择特定的线缆[在"设备类型选择区"中单击"Connections"，在右边可以看到各种类型的线，依次为自动选线(Automatically Choose Connection Type)、控制线(Console)、直通线(Straight-through)、交叉线(Cross-over)、光纤(Fiber)、电话线(Phone)、同轴电缆(Coaxial)、DCE、DTE]，这时鼠标会变为连接光标，在设备上单击选择相应的端口，然后连接至第二个设备，同样选择相应的端口，实现连接，如图 1-23 所示。

图 1-23　选择线缆对设备进行连线

连接完成后，在所连设备的端口上会看到连接状态指示灯，绿色是连接正常，红色是连接不正常，橙色是正在连接。

4. 配置网络设备

在建立网络时，确认设备连接正确后，单击设备进入配置窗口，进行设备的配置。例如，点开一个路由器图标，配置窗口左上部会有物理(Physical)、图形接口(Config)和命令行接口3个选项卡。用户在物理选项卡中能够查看设备的物理状态；用户在图形接口选项卡中可以进行简单的网络设备配置，这就为初学者提供了便捷的配置方式；在命令行接口选项卡中出现的界面是与真实Cisco设备配置过程完全相同的配置界面，用户需要掌握互联网操作系统的命令。设备配置窗口的选项卡对于不同网络设备来说是类似的。

可通过两种方式进行PC的配置，对应于配置窗口中的Config和Desktop选项卡。注意设备的不同端口的划分、IP地址的配置以及协议类型的选择。下面以图1-20所示的拓扑为例，介绍网络设备的配置。

1) 服务器的配置

打开服务器配置窗口，左侧有GLOBAL(全局)、SERVICEs(服务)、INTERFACE(接口)等配置项，全局配置中用户可以修改主机名、保存/删除配置文件、导入导出配置文件等，接口配置中用户可以配置各接口的IP地址、子网掩码等基本信息。

如图1-24所示，单击"Config/GLOBAL"按钮，在"Global Settings"的"Display Name"标签中，更改显示名称为"Web server"，在"GateWay/DNS"标签中，配置网关地址为"172.16.0.1"，DNS服务器地址为"172.16.0.2"；单击"Config/INTERFACE/FastEthernet0"按钮，配置静态IP地址"172.16.0.10"，子网掩码为"255.255.255.0"。

图1-24　设备的配置

2) PC的配置

PC的配置同服务器的配置类似，打开PC配置窗口，单击"Config/GLOBAL"按钮，在"Global Settings"的"Display Name"标签中，更改显示名称为"Client"，同时，在"GateWay/DNS"标签中，配置网关地址为"172.16.0.1"，DNS 服务器地址为"172.16.0.2"；单击"Config/INTERFACE/FastEthernet0"按钮，配置静态 IP 地址"172.16.0.20"，子网掩码为"255.255.255.0"。

1.5.2　各协议层 PDU 的分析实例

根据 1.5.1 节搭建的网络拓扑，可以对协议数据单元进行分析，此分析在 Simulation Mode(对图 1-15 的 6 号区域进行选择)下进行。

1. Simulation 模式主要按钮功能

(1) 事件列表(Event List)：该栏显示仿真模式下捕获到的事件列表，每个事件表示一次数据包的封装或者传输，正在处理的事件将在列表中出现眼睛图形。

(2) 重置仿真(Reset Simulation)：单击此按钮，将返回当前仿真过程的起始点。

(3) 返回(Back)：在仿真模式下用"Auto Capture/Play"或者"Capture/Forward"按钮捕获数据时，拓扑工作区中的拓扑图上会以动画的形式显示出该数据包发送的过程。此时单击"Back"按钮，动画将返回动画演示的上一步，同时在事件列表中的焦点事件也将设置为上一步对应的事件。

(4) 自动捕获/播放(Auto Capture/Play)：单击此按钮，数据传输仿真过程将会自动进行，直到此数据传输结束。同时，自动捕获传输过程中生成的所有数据包，并显示在事件列表中。

(5) 捕获/前进(Capture/Forward)：单击此按钮一次，拓扑工作区完成一次转发。

(6) 事件列表过滤器-可见事件(Event List Filters-Visible Events)：仿真过程中，在拓扑工作区动画中出现的以及被捕获的数据包的协议类型。

(7) 编辑过滤器(Edit Filters)：单击此按钮，打开编辑过滤器操作窗口，可以选择在仿真过程中需要的协议类型。

(8) 显示所有(Show All)：单击此按钮，将显示所有协议类型的数据包。

单击"Auto Capture/Play"按钮或者"Capture/Forward"按钮捕获数据包时，当数据包的数量过多时，软件会弹出"缓存满(Buffer Full)"的对话框。此时，如果是为了观看数据包在网络中传输的动画演示，可以选择"清空事件列表(Clear Event List)"按钮，将捕获到的事件全部清空；如果是为了查看捕获到数据包的详细信息，则单击"查看历史事件(View Previous Events)"按钮，此时事件列表中已捕获的数据包仍然保留在该列表中，用户可以单击查看这个数据包而不用捕获新的事件。

2. 主要分析步骤

1) 在 PC 中访问 Web 服务器

进入"Simulation"模式，然后在"Desktop/Web Browse"地址栏中输入"172.16.0.10"，访问 Web 服务器，可以看到有两个数据包从客户端发出，如图 1-25 所示。

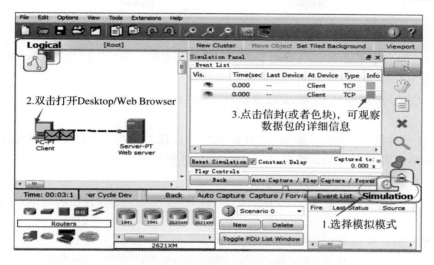

图 1-25　仿真数据包的发出

2) PDU 信息窗口

单击"信封"或者"色块"，显示 PDU 信息窗口，窗口包含了 OSI 模型（OSI Model）、入站 PDU 详情（Inbound PDU Details）和出站 PDU 详情（Outbound PDU Details）3 个选项卡，如图 1-26 所示。

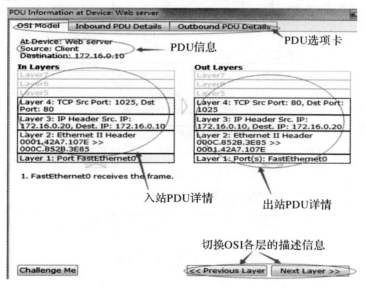

图 1-26　PDU 信息窗口

（1）OSI 模型（OSI Model）：该选项卡给出了各层 PDU 主要的封装参数，并在下方对各层封装/解封过程进行描述。单击"Previous Layer（上一层）""Next Layer（下一层）"按钮，可以切换 OSI 模型中各层的描述信息。

（2）入站 PDU 详情（Inbound PDU Details）：该选项卡给出了该设备输入端口各层协议的封装详情，用户通过查看这些信息，可以学习各协议的原理和数据封装格式。

（3）出站 PDU 详情（Outbound PDU Details）：给出了该设备输出端口各层协议的封装

详情。

3) PDU 分析

从图 1-26 可以看出网络的分层处理情况,例如左侧的入站 PDU 界面中,网络各层处理情况如下:

(1) 在物理层(Layer 1),Web 服务器从 FastEthernet0 接口收到比特流,并解析成数据帧。

(2) 在链路层(Layer 2),其 MAC 地址为"0001.42A7.107E.000C.852B.3E85"。

(3) 在网络层(Layer 3),数据包的目的 IP 地址匹配 Web 服务器的 IP 地址,匹配成功后,解封装成数据段。

(4) 在传输层(Layer 4),从 80 端口收到 TCP SYN 报文,并且接收请求,此时该设备的连接状态为 SYN_RECEIVED。

以上数据的详细信息可在图 1-27 中看到。

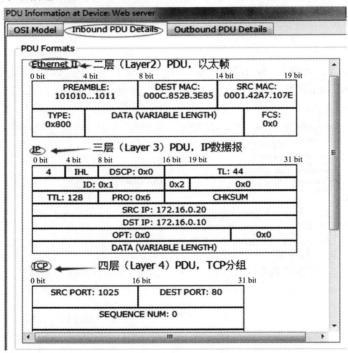

图 1-27 入站 PDU 信息窗口

思 考 题

1. 举例分析分组交换和电路交换的特点。

2. 观察图 1-22 中硬件设备的情况,思考实际设备(如网卡)应如何添加。

3. 分析图 1-27 中 2、3、4 层 PDU 之间的关系。

第 2 章

数据链路层仿真实例

2.1　数据链路层概述

数据链路层是 OSI 参考模型中的第 2 层，介于物理层和网络层之间。数据链路层在物理层提供的服务的基础上向网络层提供服务，其最基本的服务是将源自网络层的数据可靠地传输到相邻节点的目标机的网络层。

数据链路层使用的信道主要有 2 种类型：点对点信道和广播信道。链路（Link）是一条无源的点到点的物理线路段，中间没有任何其他的交换节点。数据链路（Data Link）就是把实现这些协议的硬件和软件加到链路上，现在通常使用适配器（即网卡）来实现，一般的适配器都包括了数据链路层和物理层这两层的功能。

2.1.1　点对点信道的数据链路层

点对点信道的数据链路层协议通常有点对点协议（Point-to-Point Protocol，PPP）、高级数据链路协议（High-Level Data Link Protocol，HLDL）等。点对点信道的数据链路层必须具备一系列相应的功能，主要有封装成帧、透明传输和差错检测。

1. 封装成帧

数据链路层中将数据组合而成的数据块称为帧（Frame），它是数据链路层传送的基本单位。在一段数据的前后位置分别添加首部和尾部，这样就构成了帧。首部与尾部的重要性是告知发送的帧是从什么地方开始到什么地方结束，即进行帧定界。

此外，首部和尾部还包含了许多必要的控制信息。每一种数据链路层协议都规定了帧的数据部分的长度上限，即最大传送单元（Maximum Transmission Unit，MTU）。异步传送时，可以确定一个帧的开始和结束；同步传送时，发送方连续地发送数据帧，接收方借助于帧定界符从连续的比特流中找出每一帧开始和结束的位置；短暂出故障时，在重新发送的情况下，接收方根据帧定界符确定接收还是丢弃此帧。一个典型的帧结构如图 2-1 所示。

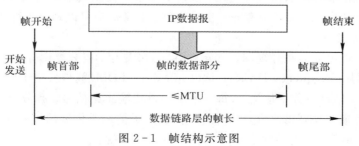

图 2-1　帧结构示意图

2. 透明传输

传送的数据比特组合必须是不受限制的，数据链路层协议不能禁止传送某种比特组合，这就是透明传输问题。由于帧的界限是固定的定界符，所以对于传输的数据部分，不允许任何 8 bit 组合与定界符的美国标准信息交换码(American Standard Code for Information Interchange，ASCII)一样，否则将会出现定界错误。解决方法主要有以下两种：

（1）字符转义：当数据中出现字符"SOH(Start of Head)"或"EOT(End of Transmission)"时将其转换为另一字符，而这个字符不会被解释为控制字符，这种方法称为字符转义。

如果在传输的数据部分出现定界符，则在定界符的前面加一个转义字符"ESC(Escape)"，而在接收端的数据链路层需要将转义字符去掉。如果转义字符出现在数据部分，则在它前面添加"ESC"，接收端如果发现有两个"ESC"，则删除一个。这种方法通常用于 HDLC 中。

（2）比特填充：采用特定的比特组合 01111110(十六进制的 7E)来标志帧的边界。为了不使信息位中出现与该特定比特模式相似的比特串被误判为帧的首尾标志，在发送方，如果原始数据中出现连续 5 个 1，则插入一个 0 以区分边界字符；在接收方，如果数据流中出现连续 5 个 1，则去掉插入的 0。

3. 差错检测

为了控制帧在物理信道上的传输，需要在两个网络实体之间提供数据链路通路建立、维持和释放的管理，并且处理传输差错。

假设发送方 T 向接收方 R 发送数据帧，数据链路层一般有以下 4 种差错控制方式：

（1）检错重发(Automatic Repeat reQuest，ARQ)：T 首先对数据进行检错编码，然后发送包含检错编码的帧，R 收到这个帧后对其进行差错检测，对发生错误的帧，R 会请求 T 重新发送，直到收到正确的帧。这种方式可分为停等 ARQ、选择重传 ARQ、回退 ARQ3 种。

（2）前向检错(Forward Error Correction，FEC)：T 首先对数据进行检错编码，然后发送包含检错编码的帧，R 收到这个帧后对其进行差错检测，对发生错误的帧直接进行检错。

（3）反馈校验(Cyclic Redundancy Check，CRC)：T 将数据帧直接发送给 R(不用纠错编码)，R 将这个帧原封不动地发回给 T，T 自己检测这个帧是否发生了错误。

（4）检错丢弃(Error Detection and Discard，EDD)：T 首先对数据进行检错编码，然后发送包含检错编码的帧，R 收到这个帧后对其进行差错检测，对发生错误的帧直接丢弃。

2.1.2　广播信道的数据链路层

1. 介质共享技术

为了确保对传输介质的访问和使用，实现对多节点使用共享介质接收和发送数据的控制，连接到网络上的设备都必须遵守一定的规则。通常信道可以划分为静态和动态。

1）静态划分信道

静态划分信道可分为频分复用、时分复用、波分复用、码分复用等。

（1）频分复用(Frequency Division Multiplexing，FDM)就是将用于传输信道的总带宽划分成若干个子频带(或称子信道)，每一个子信道传输 1 路信号。频分复用要求总频率宽度大于各个子信道频率宽度之和，同时为了保证各子信道所传输的信号互不干扰，应在各子信道之间设立隔离带，这样就保证了各路信号互不干扰。

（2）时分复用（Time Division Multiplexing，TDM）就是将提供给整个信道传输信息的时间划分成若干时间片（简称时隙），并将这些时隙分配给每一个信号源使用，每一路信号在自己的时隙内独占信道进行数据传输。

（3）波分复用（Wavelength Division Multiplexing，WDM）是将两种或多种不同波长的光载波信号在发送端经复用器汇合在一起，并耦合到光线路的同一根光纤中进行传输的技术。

（4）码分复用（Code Division Multiplexing，CDM）是靠不同的编码来区分各路原始信号的一种复用方式。码分复用技术和各种多址技术结合产生了多种接入技术，包括无线和有线接入。例如，在多址蜂窝系统中是以信道来区分通信对象的，一个信道只容纳 1 个用户进行通话，同时通话的用户，互相以信道来区分，这就是多址。

2）动态划分信道

动态划分信道，通常采用接入控制方法来进行信道划分，动态介质接入控制可分为受控接入和随机接入。

（1）受控接入：包括多点线路轮询访问协议和令牌传递协议。轮询访问协议属于集中式控制，控制节点按一定顺序逐一询问各用户节点是否有信息发送；令牌传递协议是分布式控制，轮流交换令牌，只有获得令牌的节点才有权发送信息。

（2）随机接入：包括 Aloha 协议和载波侦听多点接入（Carrier Sense Multiple Access，CSMA）协议。Aloha 分为纯 Aloha 协议和时隙 Aloha 两种。在 Aloha 中，节点不用监听信道，可直接发送数据，如果检测到碰撞，则随机等待一段时间后再重传；在 CSMA 中，节点首先要侦听信道，如果信道空闲则停止发送，延迟一段时间后再进行侦听，直到信道空闲后再发送。这种机制有非坚持、1-坚持和 P-坚持 3 种。目前最常用的有 CSMA/CD 和 CSMA/CA 协议。

几路主要的动态介质接入协议如表 2-1 所示。

表 2-1　几种动态介质接入协议比较

接入方式	协议名称	工作原理	特　点	应用场景
受控接入	令牌传递协议	令牌轮流使用，获得令牌的节点独占信道	产生令牌开销，有等待延迟，单点故障	令牌环网
	轮询协议	按序逐一询问各用户节点是否有信息发送	产生轮询开销，有等待延迟，单点故障	无线局域网
动态接入	Aloha	不监听信道，随机重发	实现简单，效率低	卫星通信，水下通信
	CSMA/CD	监听信道，如碰撞则退避	网络负载轻时，共享信道效率高	以太网
	CSMA/CA	预约信道、ACK 确认帧、RTS/CTS 机制	有监听，尽量避免冲突，不能检测冲突	无线局域网

（1）CSMA/CD。

CSMA/CD 中的"多点接入"表示许多计算机以多点接入的方式连接到一根总线上；

"载波监听"是指每一个站点在发送数据之前先要检测一下总线上是否有其他计算机在发送数据;"碰撞检测"就是计算机边发送数据边检测信道上的信号电压大小,当一个站点检测到的信号电压摆动值超过一定的门限值时,就认为总线上至少有两个站点同时在发送数据,表明产生了碰撞,那么此站点就要立即停止发送,以免继续浪费网络资源,然后等待一段随机时间后再次发送。

(2) 退避算法。

电磁波在 1 km 的电缆上的传播时延约 5 μs。把总线上的单程端到端的传播时延记为 τ,某站点发送数据后,最迟要经过 2τ 才能知道自己发送的数据和其他站点发送的数据是否发生碰撞。使用 CSMA/CD 协议的以太网不可能进行全双工通信,而只能进行双向交替通信(半双工通信)。

确定基本退避时间,一般是取争用期 2τ,定义重传次数 $k = \text{Min}[\text{重传次数},10]$,从整数集合 $[0,1,\cdots,(2k-1)]$ 中随机地取出一个数,记为 r,重传所需的时延就是 r 倍的基本退避时间。当重传 16 次后仍不能成功时就丢弃该帧。以太网取 51.2 μs 为争用期的长度,可根据此算出最短有效帧长为 64 B,帧间最小间隔为 9.6 μs。

2. 局域网数据链路层技术

广播信道是一对多的信道,目前最典型的应用是局域网技术,其主要的特点是:网络为一个单位所拥有,且地理范围和站点数目均有限。局域网按拓扑可分为星形网、环形网(IEEE802.5 令牌环)、总线网(IEEE802.4 令牌总线)、树状网等。

以太网 DIX Ethernet V2 标准是世界上第一个局域网产品(以太网)的规约,符合 IEEE802.3 标准,DIX Ethernet V2 标准与 IEEE 的 802.3 标准只有很小的差别,因此可以将 802.3 局域网简称为"以太网"。

为了使数据链路层能更好地适应多种局域网标准,802 委员会将局域网的数据链路层拆成两个子层:逻辑链路控制 (Logical Link Control, LLC)子层和介质接入控制(Medium Access Control, MAC)子层。与接入到传输介质有关的内容都放在 MAC 子层,而 LLC 子层则与传输介质无关,不管采用何种协议的局域网对 LLC 子层来说都是透明的。

以太网发送的数据都使用曼彻斯特(Manchester)编码方式。为了通信的简便,以太网采用较为灵活的无连接的工作方式,即不必先建立连接就可以直接发送数据,以太网对发送的数据帧不进行编号,也不要求对方发回确认(因为局域网信道好)。

以太网提供的服务是不可靠的交付,即尽最大努力(Best Effort)的交付,不纠错也不重传错帧。当目的站点收到有差错的数据帧时就丢弃此帧,其他的什么也不做。差错的纠正由高层来做,如果高层发现丢失了一些数据就进行重传,但以太网并不知道这是一个重传的帧,而将其当作一个新的数据帧来发送。

以太网的主要设备是适配器网卡,适配器的主要作用是:进行串行/并行转换、对数据进行缓存、在计算机的操作系统安装设备驱动程序、实现以太网协议。

2.1.3 以太网的扩展

1. 物理层扩展以太网

集线器使原来属于不同碰撞域(见 2.6 节)的局域网上的计算机能够进行跨碰撞域通信,扩大了局域网覆盖的地理范围。虽然碰撞域增大了,但总吞吐量却并未提高。如果不同的碰撞域使用不同的数据率,那么就不能用集线器将它们互连起来。

2. 链路层扩展以太网

网桥使各网段成为隔离开的碰撞域。网桥不改变它转发的帧的源地址,但在转发帧之前必须执行 CSMA/CD 算法。

1)网桥(Bridge)

数据链路层扩展以太网需要使用网桥。网桥工作在数据链路层,它根据 MAC 帧的目的地址对先收到的帧进行转发和过滤。网桥能够过滤通信,增大吞吐量,扩大物理范围,提高可靠性;还能够互连不同的物理层、不同的数据链路层和不同的速率。

(1)透明网桥(Transparent Bridge):通常采用自学习算法,当网桥收到一转发帧时,先查找自己的转发表中是否有源地址,若没有,则添加此项。然后查找自己的转发表中是否有目的地址,若没有,则将此帧从其他端口转发出去;若有,则将转发表中记录的目的地址端口和此帧进入网桥时通过的端口进行比较;若相等,则丢弃此帧(因为目的主机已经收到此帧了);若不相等,则将此帧通过转发表将记录的目的地址端口转发出去。透明网桥最大的优点就是容易安装,一接上就能工作;缺点是对网络资源的利用还不够充分。

(2)源路由(Source Route)网桥:在发送帧时将详细的路由信息放在帧的首部中。源站点以广播方式向欲通信的目的站点发送一个发现帧,每个发现帧都记录所经过的路由,当发现帧到达目的站点时就沿各自的路由返回源站点,源站点在得知这些路由后,从所有可能的路由中选择出一个最佳路由。凡从该源站点向该目的站点发送的帧的首部中,都必须携带源站点所确定的这一路由信息。

2)交换机

交换机是多接口网桥,多接口网桥即交换式集线器,又称为以太网交换机(Switch)或第 2 层交换机(表明此交换机工作在数据链路层)。以太网交换机通常都有十几个接口。

(1)以太网交换机的每个接口都直接与主机相连,并且一般都在全双工方式下工作。

(2)交换机能同时连通许多对的接口,使每一对相互通信的主机都能像独占通信介质那样,进行无碰撞地传输数据。

(3)对于普通 10 Mb/s 的共享式以太网,若共有 N 个用户,则每个用户所占有的平均带宽只有总带宽(10 Mb/s)的 $1/N$。

(4)使用以太网交换机时,虽然每个接口到主机的带宽还是 10 Mb/s,但由于一个用户在通信时是独占而不是和其他网络用户共享传输介质的带宽,因此拥有 N 对接口的交换机的总容量为 $N \times 10$ Mb/s,这正是交换机的最大优点。

2.1.4　广域网数据链路层技术

1)点对点协议

点对点协议(Point to Point Protocol,PPP)是一种标准协议,为了在同等单元之间提供全双工操作,并按照顺序传递数据包,它规定了同步或异步电路上的路由器对路由器、主机对网络的连接方式。PPP 的设计目的主要是能够通过拨号或专线方式建立点对点连接以发送数据,使其成为各种主机、网桥和路由器之间简单连接的一种共通的解决方案。

2)高级数据链路控制

高级数据链路控制(High-Level Data Link Control,HDLC),是一个在网上同步传输数据、面向比特的数据链路层协议。HDLC 标准是私有的,它是点对点、专用链路和电路交换连接默认的封装类型。HDLC 是按位访问的同步数据链路层协议,它定义了同步串行链路上使用帧标识和校验和的数据封装方法。HDLC 同时支持点对点与点对多点连接。

3)帧中继

帧中继(FrameRelay,FR)技术是在 X.25 分组交换技术的基础上发展起来的一种快速分组交换技术,是一种用于构建中等高速报文交换式广域网的技术,同时也是由国际电信联盟通信标准化组和美国国家标准化协会制定的一种标准。帧中继基于虚电路(Virtural Circuit,VC),是一种面向连接的数据链路技术,靠高层协议进行差错校正,用简化的方法传送和交数换据单元。帧中继可以被应用于各种类型的网络接口。

4)异步传输模式

异步传输模式(Asynchronous Transfer Mode,ATM)是由国际电信联盟 ITU-T 制定的信元交换的国际标准,它在定长(53 B)的信元中能传送各种各样的服务类型(如话音、音频、数据)。ATM 采用基于信元的异步传输模式和虚电路结构,根本上解决了多媒体的实时性及带宽问题。ATM 适于利用高速传输介质(如 SONET)进行传输。

5)Cisco/IETF

Cisco/IETF 用来封装帧中继流量。Cisco 定义的专属选项,只能在 Cisco 路由器之间使用。

6)综合业务数字网

综合业务数字网(Integrated Services Digital Network,ISDN)是一个数字电话网络国际标准,也是一种典型的电路交换网络系统。在 ITU 的建议中,ISDN 是一种在数字电话网 IDN 的基础上发展起来的通信网络,能提供端到端的数字连接,可承载话音和非话音业务,使客户能够通过多用途客户—网络接口接入网络。

思考题

1. 为数据流 1100011111100001111100 写入比特填充后的比特序列。

2. 什么是争用期?解释退避算法,并给出一个应用场景。

3. 为什么 CSMA/CD 不能在无线局域网环境中使用?

4. 连接不同的局域网,需要考虑什么因素?

5. 在一个采用 CSMA/CD 协议的网络中,传输介质是一根完整的电缆,传输速率为 1 Gb/s,电缆中的信号传播速率是 2×10^8 m/s。若最小数据帧长度减少 800 bit,则最远的两个站点之间的距离至少需要减少多少米?

6. 以太网交换机进行转发决策时使用的 PDU 地址是什么地址?

7. 以太网中,网卡的主要作用是什么,其实现的主要功能在哪个协议层?

2.2 以太网 MAC 帧格式分析实例

本实例旨在熟悉以太网传输的原理,分析以太网的 MAC 帧格式。

2.2.1　理论知识

1. 以太网相关标准

以太网(Ethernet)指的是由 Xerox 公司创建并由 Xerox、Intel 和 DEC 公司联合开发的基带局域网规范,是当今局域网应用最普遍的技术。以太网使用 CSMA/CD(载波监听多路访问及冲突检测)技术,并以 10 Mb/s 的速率运行在多种类型的电缆上。以太网与 IEEE802.3 系列标准相类似。

常用的以太网 MAC 帧格式有两种标准:DIX Ethernet V2 标准和 IEEE802.3 标准。在实际应用中,大多数以太网应用的数据包是 Ethernet V2 的帧(如 HTTP、FTP、SMTP、POP3 等应用),而交换机之间的 BPDU(桥协议数据单元)数据包则是 IEEE802.3 的帧,此外 VLAN Trunk 协议如 802.1Q 和 Cisco 发现协议(CDP)等则采用 IEEE802.3 SNAP 的帧。

2. 以太网帧

在以太网链路上的数据包称作以太帧。以太帧起始部分由前同步码和帧开始定界符组成,后面紧跟着一个以太网报头,以 MAC 地址说明目的地址、源地址和类型,帧的中部是该帧负载的包含其他协议报头的数据包(如 IP 协议),帧的尾部为 FCS。最常用的 Ethernet V2(ARPA)以太网的 MAC 帧格式如图 2-2 所示。

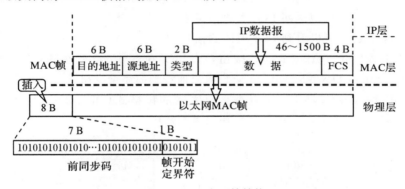

图 2-2　以太网帧结构

目的地址字段 6 B,源地址字段 6 B,类型字段 2 B(标志上一层使用的是什么协议),数据字段 46~1500 B,FCS 字段 4 B。前面插入的 8 B 中,7 B 是前同步码,1 B 是帧开始定界符。

MAC(Medium/Media Access Control)地址也称物理地址(或硬件地址),是用来表示互联网上每一个站点的唯一标识符,采用十六进制数表示,共 6 个字节(48 bit),其中,前 3 个字节是由 IEEE 的注册管理机构 RA 负责给不同厂家分配的代码(高位 24 bit),称为"编制上唯一的标识符"(Organizationally Unique Identifier),后 3 个字节(低位 24 bit)由各厂家自行指派给生产的适配器接口,称为扩展标识符(唯一性)。MAC 地址的一个地址块可以生成 2^{24} 个不同的地址。

2.2.2　配置过程

参考"以太网 MAC 帧格式实例.pkt",建立如图 2-3 所示的拓扑图(可参考"以太网帧格式分析实例.pkt")。PC1 ~ PC4 4 台 PC 的 Ethernet 网口的 IP 地址分别配置为

"192.168.1.1"～"192.168.1.4",子网掩码均为"255.255.255.0"。

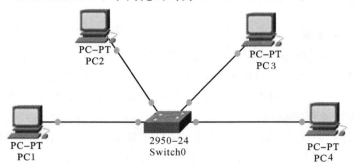

图 2-3　以太帧格式分析实验拓扑图

2.2.3　实例分析

1. 单播以太网帧格式

(1) 单击右下角"Simulation"模式,单击"Edit Filters"按钮显示 ICMP 事件。

(2) 单击"Add Simple PDU"按钮,添加 PC1 向 PC4 发送的 ICMP 数据包。

(3) 单击"Auto Capture/Play"按钮,捕获数据包,可以看到 PC1 经交换机发送数据到 PC4,当 PC4 发送的响应包返回 PC1 后通信结束;再次单击"Auto Capture/Play"按钮,停止数据包的捕获,这次可以看到 PC1 返回的信封中呈现一个"√"的状态。

(4) 单击右侧"Simulation Panel"按钮,从 PC1 到 Switch0 的色块,信息窗顶部显示 "PDU Information at Device:Swithc0",表示当前看到的是交换机 Switch0 上的信息,选择 "Inbound PDU Details"选项卡,可以观察以太网的帧格式(如图 2-4 所示),可以看到 ICMP 分组封装在 IP 包中,IP 包又封装在以太网帧中。

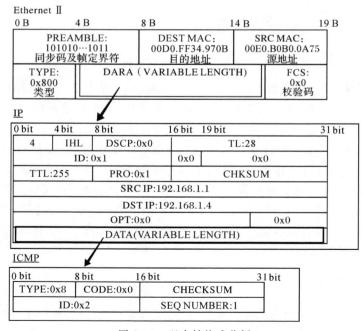

图 2-4　以太帧格式分析

2. 广播以太网帧格式

（1）单击下方的"Delete"按钮，删除场景。单击"Add Complex PDU"按钮，然后单击"PC1"按钮，在弹出的窗口中按图 2-5 所示设置参数，将目标地址改为"255.255.255.255"，以此说明这是一个广播包，最后单击"Creat PDU"按钮创建数据包。

（2）单击"Auto Capture/Play"按钮，捕获数据帧。

（3）选择事件列表中的 PC1 到 Switch0 的数据包，单击右边相应色块，在弹出的窗口中单击"Inbound PDU"按钮，可以看到类似的以太网帧的封装，此时可观察 DEST MAC 值的变化情况。

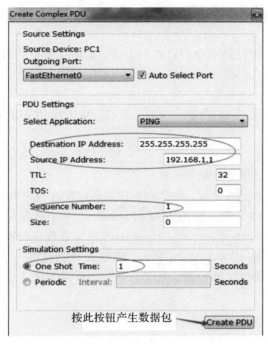

图 2-5　创建复杂 PDU

1. 对比图 2-4 和图 2-5，如何理解以太网帧的组成和结构？
2. 按照帧定界原理，在以太网帧的设计中，为什么没有设置帧结束符？

2.3　PPP 及 PPPoE 实例

本实例旨在熟悉 PPP 及 PPPoE 原理。

2.3.1　理论知识

1. PPP 简介

PPP 是一个开放的协议，主要用于提供连接的点对点的串行链路，主要目的是在一个点对点的数据链路层上，传送来自第 3 层的数据。PPP 协议可以通过异步串行连接(如普通旧式电话)进行配置，也可以通过同步串行连接(如综合业务数字网 ISDN)或点对点专线进行配置。例如，用户到电信运营商(Internet Service Provider，ISP)的链路使用 PPP 协议。PPP 是一种应用最广泛的数据链路层协议，协议的设计和实现比较简单。

1992 年制订了 PPP，经过 1993 年和 1994 年的修订，现在的 PPP 已成为因特网的正式标准[RFC1661]。

PPP 应满足的需求：简单(首要的要求)、封装成帧、透明性、支持多种网络层协议、支持多种类型的链路、差错检测、连接状态检测、网络层地址协商、数据压缩协商等。

PPP 协议不能够纠错、不能进行流量控制、不支持多点链路通信。

1) PPP 的组成

(1) 一个将 IP 数据报封装到串行链路的方法，即前文所讲的封装成帧。

(2) 链路控制协议(Link Control Protocol，LCP)，用于建立、配置以及测试数据链路的连接。

(3) 网络控制协议(Network Control Protocol，NCP)，其中的每一个协议支持不同的网络层协议。

2) PPP 连接过程

PPP 连接需要经过以下 3 个阶段：

(1) 链路建立阶段：在这个阶段，每个 PPP 设备通过发送 LCP 包来配置和测试数据链路。

(2) 验证阶段(可选)：可以使用 PAP(Password Authentication Protocol)或 CHAP(Challenge Handshake Authentication Protocol)等协议进行身份验证。

(3) 网络层协议阶段：PPP 发送 NCP 包，以便选择和设定一个或更多的网络层协议。一旦每个被选择的网络层协议都被设定好了，那么来自每个网络层协议的数据报就能在链路上发送了。

3) PPP 的帧格式

如图 2-6 所示，所有的 PPP 帧的长度都是整数字节，它主要由以下 3 部分构成：

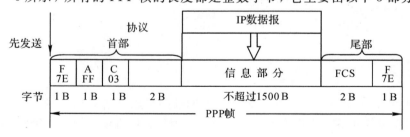

图 2-6　PPP 报文格式

(1) 首部：F=0x7E，A=0xFF，C=0x03，还有 2 B 的协议字段，为 0x0021。

(2) 信息部分：不超过 1500 B。

(3) 尾部：为 2 B 的 FCS，1 B 的 F=0x7E。

当 PPP 用在异步传输时，就使用一种特殊的字符填充法：将每一个 0x7E 字节变为(0x7D，0x5E)，0x7D 转变成为(0x7D，0x5D)。若信息字段中出现 ASCII 码的控制字符(即数值小于 0x20 的字符)，则在前面加入 0x7D，同时将该字符的编码加以转变。

　　当 PPP 用在同步传输时就使用零比特填充方法来实现透明传输：当出现 5 个连续的 1 时马上在其后添加 0。

2. PPPoE 简介

　　以太网上的点对点协议（Point to Point Protocol over Ethernet，PPPoE）是为了满足越来越多的宽带上网设备（即 xDSL，Cable，Wireless 等）和越来越快的网络之间的通信而制定开发的标准，是一种在以太网络中转播 PPP 帧信息的技术。以太帧、PPPoE 及 PPP 分组的关系如图 2-7 所示。

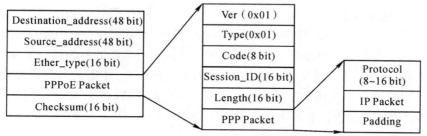

图 2-7　以太帧、PPPoE 及 PPP 分组的关系

　　PPPoE 是在标准的 Ethernet 协议和 PPP 之间加入一些小的改动，使用户可以在 Ethernet 上面建立 PPP 会话。PPPoE 对用户端的要求不高，对于服务商来说，在现有的局域网基础上不需要花费巨资来做大面积的改造，这就使得 PPPoE 在宽带接入服务中比其他协议更具有优势，更易于普及。使用 PPPoE 拨号上网不用添加任何设备，只需具备网卡，并在客户端安装 PPPoE 应用程序即可，其使用方式类似于拨号上网。

　　PPPoE 运行在网络层和以太网数据链路层之间，可以为以太网用户提供宽带远程接入，并实现对以太网用户的控制、认证和计费等。

2.3.2　配置过程

　　建立如图 2-8 所示的拓扑（可参考"PPP＋PPPoE 分析实例.pkt"文件），PPPoE 的接入方式为：PC1 通过 DSL 调制解调器 DSL Modem0，采用电话线方式接入；PC2 通过 Cable 调制解调器 Cable Modem1，采用同轴电缆方式接入；PC3 通过交换机 Switch0，采用以太网方式接入。然后对路由器 ISP 进行 PPPoE 配置。

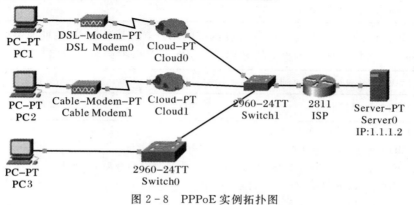

图 2-8　PPPoE 实例拓扑图

1. 设备连接

按照拓扑图连接各个设备，由于 PC1、PC2、PC3 通过 PPPoE 认证后将会自动获取 IP

地址,因此交换机不需要配置,正确连线即可。

1) 模拟电话线接入的连接

DSL - Modem - PT 有两个接口:port0 和 port1,port0 为 RJ - 11 接口,port1 为 RJ - 45 接口。用 phone 连接线将 DSL Modem0 的 port0 接口和 Cloud0 的 Modem4 接口相连,然后再用 Copper Straight - Through(直连线)将 Cloud0 的 Ethernet6 接口与交换机 S1 的 F0/1 接口相连。单击云图"Cloud0",进入"Config"(配置)页面,在左边栏中单击"DSL"项,将"Modem4"和"Ethernet6"相连,然后点击"Add"按钮载入即可。

2) 同轴电缆接入连接

Cable - Modem - PT 也有两个接口:port0 和 port1,port0 为 Coaxial(同轴)接口,port1 为 RJ - 45 接口。与模拟电话线接入不同的是同轴分离器的两个接口都需要使用同轴电缆连接 Cable - Modem - PT 和 Cloud - PT 的 Coaxial 口。还需要注意的是在配置云图 Cloud1 时,一定要先在左边栏中单击"Ethernet6"按钮,然后选择"Cable",因为默认的是"DSL",然后再回到左边栏单击"Cable"按钮,选择"Coaxial7"对应的"Ethernet6",然后单击"Add"按钮即可。

2. 设备配置

1) 服务器的配置

单击拓扑图中的"Server"按钮,选择"Desktop",单击"IP Configuration"按钮,选择"Static",填写"IP Address" 为 1. 1. 1. 2,"Subnet Mask" 为 255. 255. 255. 0,"Default Gateway"为 1. 1. 1. 1,后面需要用来测试。

2) 路由器的配置

单击路由器"ISP"按钮,选择"CLI",然后在命令行中配置参数,步骤如下所示:

(1) 配置用户名密码数据库。可多配置几个不同的用户名和密码。

```
Router>en //进入特权模式
Router#conf t //进入全局配置模式
Router(config)#hostname ISP //为路由器设置唯一的主机名:ISP
ISP (config)#username PC1 password 111 //设置 PPPoE 用户接入的用户名和密码
ISP(config)#username PC2 password 222 //对不同的用户设置不同的密码,下同
ISP(config)#username PC3 password 333
```

(2) 配置分配的 IP 地址池。设置通过认证的用户,给其分配 IP 地址池范围,地址池名称可以随便取,但尽量使用有意义的名称,方便在配置虚拟模板接口时用到。

```
ISP(config)#ip local pool mypools 10. 20. 0. 2 10. 20. 255. 254
```

(3) 配置以太网接口。

```
ISP(config)#int f0/0 //进入 f0/0 接口
ISP(config-if)#no shut //激活接口
ISP(config-if)#ip add 10. 20. 0. 1 255. 255. 255. 0 //给 f0/0 接口分配 IP 地址
ISP(config-if)#pppoe enable //在接口启用 PPPoE
ISP(config-if)#int f0/1 //进入 f0/1 接口
```

ISP(config – if)♯ no shut //激活接口

ISP(config – if)♯ ip add 1.1.1.1 255.255.255.0 //给连接服务器的接口设置 IP 地址

ISP(config – if)♯ exit //退出接口配置模式

（4）配置 VPDN。

ISP(config)♯ vpdn enable //启用路由器的虚拟专用拨号网络 vpdn

ISP(config)♯ vpdn – grouptest //建立一个 vpdn 组，进入 vpdn 配置模式

ISP(config – vpdn)♯ accept – dialin //初始化一个 vpdn tunnel，建立一个接受拨入的 vpdn 子组

ISP(config – vpdn – acc – in)♯ protocol pppoe //vpdn 子组使用 PPPoE 建立会话隧道，Cisco Packet
Tracer 只允许一个 PPPoE VPDN 组可以配置

（5）配置模板接口。

ISP(config – vpdn – acc – in)♯ virtual – template 1 //创建虚拟模板接口 1，PT 中可以建立 1～200 个

ISP(config – vpdn – acc – in)♯ int virtual – template 1 //进入虚拟模板接口 1

ISP(config – if)♯ peer default ip address pool mypools //为 ppp 链路的对端分配 IP 地址

ISP(config – if)♯ ppp authentication chap //在 PPP 链路上启用 chap 验证

ISP(config – if)♯ ip unnumbered f0/0 //虚拟模板接口上没有配置 IP 地址，但是还想使用该接口，就向
f0/0 接口借一个 IP 地址来

2.3.3　实例分析

1. 基本配置

打开与实例对应的练习文件"PPP＋PPPoE 分析实例.pkt"，若此时拓扑图中交换机端口指示灯呈橙色，则单击右下角"Realtime"和"Simulation"模式数次，使交换机快速完成初始化工作，直到交换机指示灯呈绿色。

2. 建立 PPPoE 连接

单击拓扑图中的"PC1"按钮，在弹出的窗口中单击"Desktop"选项卡，选择桌面上的"Command"工具，然后在工具中输入"ipconfig"命令查看 PC1 的 IP 地址信息，此时可发现，PC1 在初始状态下并未配置 IP 地址。

关闭"Command"窗口，选择"PPPoE 拨号工具"，在弹出窗口中输入用户名 PC1 和密码 111，然后单击"Connect"按钮，建立 PPPoE 连接，如图 2-9 所示。

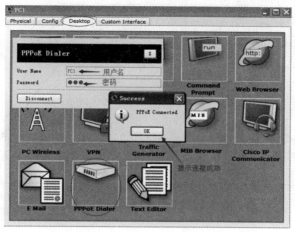

图 2-9　建立 PPPoE 连接

关闭 PPPoE 拨号窗口，重新打开"Command 工具"，输入"ipconfig"命令查看 PC1 是否获取到 IP 地址，如果已获取到 ISP1 预设的地址池范围内的 IP 地址，则表示 PPPoE 拨号成功。

3. 添加并捕获数据包

进入右下角的 Simulation 模式，设置"Event List Filters"(事件列表过滤器)为只显示 ICMP 事件。

单击"Add Simple PDU"按钮，在拓扑图中添加 PC1 向服务器发送的数据包，单击"Auto Capture/Play"按钮来捕获数据，此时可以看到信封沿"Cloud1"→"Switch 1"→"ISP"→"Server"传递。如果在 PC1 上发现信封图标，并有闪烁的"√"，则再次单击"Auto Capture/Play"按钮就可以停止捕获数据包。

4. 观察 PPPoE 封装格式

选择右侧事件列表中的 ISP 到 Server0 的数据包，单击其"Info"项上的色块，在弹出的 PDU 信息窗口中选择"Inbound PDU Details"选项卡，观察 PPPoE 的封装，如图 2-10 所示。观察其与 PPP 和 Ethernet 之间的关系，理解 PPPoE 在协议体系结构中所处的层次。

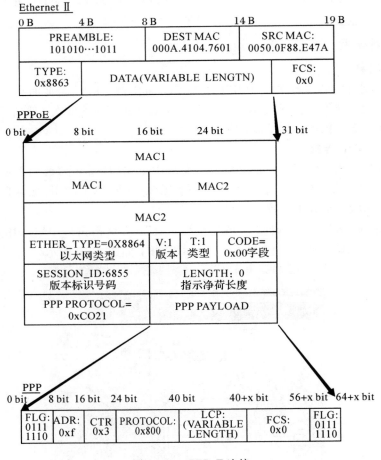

图 2-10　PPPoE 连接

1. PPPoE 的接入方式有哪些?
2. 对照图 2-7 和图 2-10,分析 PPP 的帧格式。
3. 对照图 2-7 和图 2-10,分析以太帧、PPPoE 及 PPP 分组的关系。

2.4　基于 Hub 的以太网分析实例

2.4.1　CSMA/CD 协议

CSMA/CD(Carrier Sense Multiple Access/Collision Detection)即带有冲突检测的载波监听多路访问技术。在传统的共享以太网中,所有的节点共享传输介质,那么如何保证传输介质有序、高效地为许多节点提供传输服务,就是以太网的介质访问控制协议要解决的问题。

传统的以太网采用 CSMA/CD 的方式来传输数据,也就是在一个局域网内同时只能有且仅有一个客户端发送数据,其他客户端若要发送数据,必须等待一段时间。CSMA/CD 的优点是原理比较简单,技术上易实现,网络中各工作站处于平等地位,无须集中控制,无需提供优先级控制。但在网络负载增大时,以太网发送数据时间增长,发送效率急剧下降。

CSMA/CD 应用在 OSI 的第 2 层即数据链路层,它的工作原理是:节点发送数据前,先侦听信道是否空闲,若信道空闲,则立即发送数据,若信道忙碌,则等待一段时间至信道中的信息传输结束后再发送数据。若在上一段信息发送结束后,同时有两个或两个以上的节点都提出发送请求,则判定为冲突,若某节点侦听到冲突,则立即停止发送数据,等待一段随机时间,再重新尝试。其原理简单总结为:先听后发、边发边听、冲突停发、随机延迟后重发。

冲突检测的方法很多,通常以硬件技术实现为主。一种方法是比较接收到的信号的电压大小,只要接收到的信号的电压摆动值超过某一门限值,就可以认为发生了冲突;另一种方法是在发送帧的同时进行接收,将收到的信号逐比特地与发送的信号相比较,如果有不一致的,就说明出现了冲突。

2.4.2　配置过程

建立如图 2-11 所示的拓扑图(可参考"Hub 的以太网分析实例.pkt"),PC1～PC6 六台 PC 的 Ethernet 网口的 IP 地址分别配置为"192.168.2.1～192.168.2.6",子网掩码均为"255.255.255.0"。

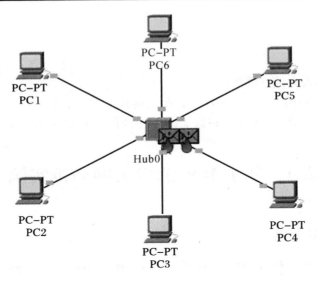

图 2-11　基于 Hub 的以太网分析拓扑图

2.4.3　实例分析

(1) 打开"基于 Hub 的以太网分析.pkt"文件,在 Simulation(模拟)模式下,设置 "Event List Filters"(事件列表过滤器),只选择"ARP"和"ICMP"。单击"Add Simple PDU"按钮,逐次单击"PC1"和"PC6",产生一个"PC1~PC6"的简单分组;同时单击"Add Simple PDU"按钮,逐次单击"PC2"和"PC5",产生一个"PC2~PC5"的简单分组。此过程中逐次单击"Capture/Forward"按钮,观察数据在广播信道上传送的过程,广播信道上连接着多台主机,因此必须使用专用的共享信道协议(即 CSMA/CD 协议)来协调各主机的数据传送。

(2) 基于 Hub 的局域网,所有主机都是在其共享信道上传送的,所有主机也都能收到其他主机发送的数据。如前所述,数据链路层的地址采用 MAC 地址,主机在收到数据时首先检查目的 MAC 地址与自己是否相符来决定是否接收。虽然,数据链路层采用 MAC 地址,但单击"Add Simple PDU"按钮时,源主机只知道目的主机的 IP 地址,而并不知道目的主机的 MAC 地址,所以必须使用 ARP 协议来获取目的主机的 MAC 地址(ARP 协议工作原理见第 4 章)。PC1 和 PC2 同时通过共享信道发送 ARP 报文,如图 2-12 所示,其中标注了 PC1 的 MAC 地址,从中可以看出,以太网为了通信的简便,采用了两种重要的措施:① 采用较为灵活的无连接的工作方式,即不必先建立连接就可以直接发送数据;② 以太网对发送的数据帧不进行编号,也不要求对方发回确认。

(3) PC0 和 PC1 发送 ARP 报文时,按照 CSMA/CD 协议会首先检测信道是否空闲,若检测到有其他主机占用信道时,则暂时不会发送数据,以免发生碰撞。在 PC0 和 PC1 发送 ARP 报文时,信道上并没有其他主机占用信道,所以可以发送数据,但当 PC0 和 PC1 的 ARP 报文同时到达 Hub0 时发生碰撞导致传送失败,如图 2-11 所示。PC1 和 PC2 的信封上显示"X",则表示传送不成功,这时 Hub0 会丢弃收到的报文,即当目的站点收到有差错的帧时就丢弃该帧,其他什么也不做,差错纠正由高层去完成,如图 2-13 所示。

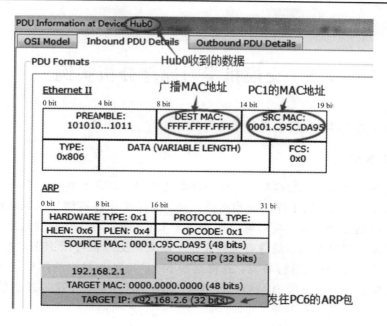

图 2-12　PC1 发往 PC6 的 ARP 报文

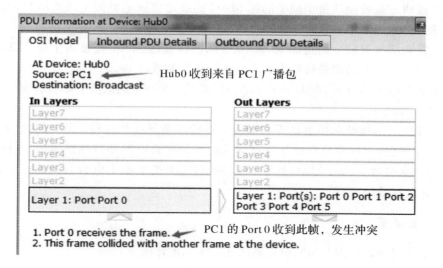

图 2-13　数据在 Hub0 发生碰撞

（4）源主机在检测到发生碰撞后马上停止发送数据，并采用二进制指数退避算法，推迟一个随机时间后再发送数据。

1. 二进制退避算法的工作过程是什么？
2. 集线器连接的以太网中，当站点增加时，带宽如何分配？

3. 集线器属于半双工通信吗?

2.5　交换机学习原理分析实例

本实例旨在熟悉以太网交换机学习过程的原理。

2.5.1　理论知识

以太网交换机属于2层交换机,工作于数据链路层,实质上就是一个有流控能力的多端口网桥。以太网交换机的工作原理和网桥一样,也是工作在链路层的联网设备,它的各个端口都具有桥接功能,每个端口可以连接一个LAN或一台高性能网站或服务器,它能够通过自学习来了解每个端口的设备连接情况。以太网交换机可以识别数据包中的MAC地址信息,根据MAC地址进行转发,并将这些MAC地址与对应的端口记录在自己内部的一个地址表中。交换机的所有端口由专用处理器进行控制,并通过控制管理总线转发信息。

交换机分组转发过程如下:

(1) 交换机根据收到的数据帧中的源MAC地址建立该地址同交换机端口的映射,并将其写入MAC地址表中,这一过程称为学习。

(2) 交换机将数据帧中的目的MAC地址同已建立的MAC地址表中的MAC地址进行比较,以决定由哪个端口进行转发,这一过程称为单播(Unicast)。

(3) 如数据帧中的目的MAC地址不在MAC地址表中,则向所有端口转发,这一过程称为泛洪(Flooding)。

(4) 广播帧和组播帧向所有的端口转发,不断的循环这个过程,则全网的MAC地址信息都可以学习到,2层交换机就是这样建立和维护它自己的端口地址表的。端口地址表中记录了端口下包含主机的MAC地址。端口地址表是交换机上电后自动建立的,保存在RAM中,并且自动维护。

2.5.2　仿真设置

参考"交换机学习原理.pkt",建立如图2-14的拓扑图。

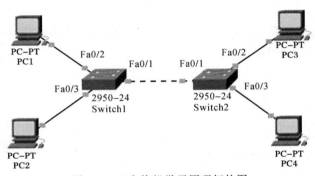

图2-14　交换机学习原理拓扑图

　　PC1～PC4 的 IP 地址分别设置为"192.168.1.1～192.168.1.4"。单击"PC1"按钮，选择"config"，单击"FastEthernet"按钮，可以看见 PC1 的 MAC 地址为"0010.1113.1B6C"，同理，可以获知 PC2～PC4 的 MAC 地址分别为"00D0.FFB4.DAE5""0001.C776.7E4A""0003.E401.B59A"。

2.5.3　实例分析

1. 交换机在单播分组时的学习过程

　　（1）分别在 Switch1 和 Switch2 的 CLI 命令模式下运行"enable"进入特权模式状态，然后运行"clear mac-address-table"。

　　（2）检查交换机 Switch1 的 MAC 地址表。单击"交换机 Switch1"按钮，选择"CLI"，在特权模式下输入"show mac-address-table"，显示目前交换机的"mac-address-table"是空的，还没有学习到任何端口的 MAC Address，如图 2-15 所示。

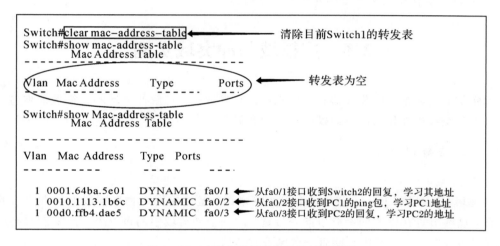

图 2-15　交换机学习 MAC 地址的过程

　　（3）在 PC1 的 DeskTop 的 Command Prompt 上运行 Ping 192.168.1.2，向 PC2 发一个 ICMP 分组，Switch1 从 fa0/2 口收到此分组后，由于自己的转发表中没有此信息，于是分别向自己的 fa0/1 口和 fa0/3 口进行泛洪，PC2 收到消息后通过 fa0/3 口返回响应给 PC1，Switch2 通过 fa0/1 返回响应给 PC1。

　　（4）单击"交换机 Switch1"按钮，选择"CLI"，在特权模式下输入"show mac-address-table"，可以观察到，交换机 Switch1 先在端口 2 学习到 PC1 的 MAC 地址，然后在端口 3 学习到 PC2 的 MAC 地址，同理，可以在端口 1 学习到 Switch2 的 MAC 地址，如图 2-15 所示。

　　（5）对于 Swithc2，仅收到 Swithc1 发来的 ping 包，所以只有 Switch1 的 MAC 地址，此时，再让 PC3 对 PC4 进行 ping 操作，则 Switch2 可以学习到 PC3 和 PC4 的 MAC 地址。

2. 交换机在广播分组时的学习过程

　　（1）分别在 Switch1 和 Switch2 的 CLI 命令模式下运行"enable"进入特权模式状态，然后运行"clear mac-address-table"。

（2）参考本书 2.3.3 节的方法，从 PC1 产生一个广播帧，其中目的 IP 地址要设置成 255.255.255.255，单击"Creat complex PDU"按钮。

（3）单击"Create PDU"按钮，然后单击"Auto Capture / Play"按钮，观看仿真结果，可以看到广播帧向所有的端口转发，并且在转发过程中，交换机学习了所有端口的 MAC 地址。

1. 交换机如何处理广播？

2. 交换机如何处理已知单播？交换机如何处理未知单播？

3. 交换机是如何感知周围网络环境的变化的（如计算机增加，减少等）？

4. 叙述三层交换技术产生的原因和技术特点。

2.6　广播域与冲突域实例

本实例的目的是了解集线器和交换机如何转发数据，理解冲突域和广播域的概念，理解集线器和交换机在扩大网络规模中的作用和局限性。

2.6.1　理论知识

1. 冲突域

冲突域（Collision Domain）是一个以太网术语，是连接同一物理网段上所有节点的一个集合，这些节点在以太网上竞争同一带宽。同一个冲突域中的每一个节点都能收到所有被发送的帧，即同一时间内只能有一台设备发送信息。

冲突域基于 OSI 的第 1 层（物理层），用 Hub 或者 Repeater 连接的所有节点可以被认为是在同一个冲突域内。2 层设备（如交换机）能隔离冲突域，缩小冲突域的范围，交换机的每一个端口就是一个冲突域。

2. 广播域

广播域（Broadcast Domain）是一个逻辑上的计算机组，该组内的所有计算机都会收到同样的广播信息，广播域是能接收任一设备发出的广播帧的所有设备的集合。如果某站点发出一个广播信号，广播域内的所有站点均能接收到这个信号。

广播域被认为是 OSI 中的第 2 层的概念，2 层设备交换机连接的节点被认为是在同一个广播域内。而路由器、3 层交换机等第 3 层设备可以隔离广播域，路由器的每一个端口就是一个广播域。

2.6.2　配置过程

参考"广播域与冲突域实例.pkt"文件，建立仿真拓扑图如图 2-16 所示。PC1～PC6 的 IP 地址分别设置为"192.168.1.1～192.168.1.6"。

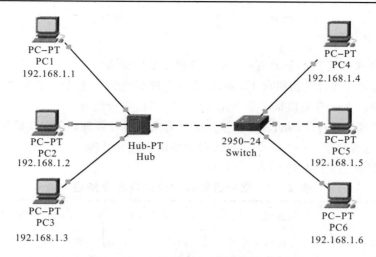

图 2-16　广播域与冲突域实例拓扑图

2.6.3　实例分析

1. 观察点对点情况

单击"Simulation Mode"按钮，单击"Add Simple PDU"按钮，分别单击"PC1"和"PC3"，产生一个 PC1～PC3 的简单分组，在右侧单击"Auto Capture/Play"按钮，可以观察到：单个的 ping 分组通过 Hub 从 PC1 发往 PC2 和 PC3。

观察数据包流向，看到这个数据帧通过 PC2、PC3 和 Switch，PC2 拒绝这个帧，PC3接收这个帧并进行了回复，Switch 起到了隔离冲突域的作用，虽然收到了来自 PC1 的数据包，但没有向自己的 PC4、PC5、PC6 进行转发。

2. 观察广播帧情况

参考本书 2.3.3 节的方法，从 PC1 产生一个广播帧，单击"Create PDU"按钮，单击"Auto Capture/Play"按钮，观看仿真结果，可以看到 PC1 首先通过 Hub 发送广播分组至PC2、PC3 和 Switch，然后 Switch 将此广播帧转发到 PC4、PC5、PC6。

如图 2-16 所示，请回答以下问题：

1. 图中有几个广播域，几个冲突域？
2. 哪些设备在 PC1 的冲突域内，列出所有的设备，包括 PC1、Switch 和 Hub 等。
3. 哪些设备在 PC4 的冲突域内，列出所有的设备。

2.7　交换机配置实例

交换机是链路层最重要的设备，本实例旨在认识交换机设备的配置手段、配置模式和基本配置命令，培养交换机的基本使用能力。

2.7.1　理论知识

交换机的管理方式基本分为两种：带外管理和带内管理。

(1) 带外管理：通过交换机的 Console 端口管理交换机，这种管理方式不占用交换机的网络端口，第一次配置交换机必须利用 Console 端口进行配置。

(2) 带内管理：通过 Telnet、拨号等方式对交换机进行管理，在交换机配置了 IP 地址后通过 Telnet 远程登录、web 登录的方式对交换机来进行管理。

与交换机配置相关的命令如表 2-2 和表 2-3。

表 2-2　交换机的各种模式及命令描述

模　式	访问方式及提示符	退出方法	描　　述
用户 EXEC (User EXEC)	在交换机上启动一会话 Switch>	输入 logout 或 quit	使用该模式完成基本的测试和系统显示功能
特权 EXEC (Privileged EXEC)	Switch#enable	输入 disable 或 exit	使用该模式来检验所输入的命令。一些配置命令也可以使用。可以用口令来保护对此模式的访问
VLAN 配置 (VLAN configuration)	Switch（vlan）# vlan database	退回到特权 EXEC 模式输入 exit	使用该模式完成对 vlan 各项参数的配置
全局配置 (Global configuration)	Switch（config）# configure terminal	① 输入 exit/ ② 输入 end 或按下 Ctrl+Z	使用该模式配置用于整个交换机的参数
接口配置 (Interface configuration)	Switch（config-if）# interface	输入 exit/按下 Ctrl+Z 或输入 end	采用此模式为以太网接口配置参数(① 退回全局模式，② 退回特权 EXEC 模式)
连接配置 (Line configuration)	Switch(config-line)# line vty(或者 line console 并指定连接编号)	① 输入 exit/ ② 输入 end 或按下 Ctrl+Z	使用该模式配置针对终端连接或 console 连接的参数(①退回全局模式，②退回特权 EXEC 模式)

表 2-3　常用命令及其完成的任务

命　令	任　务
Switch>enble	由用户模式进入特权模式
?（特权或者用户模式）	显示常用命令的列表
Switch # show version	查看版本及引导信息
Switch # show running-config	查看运行设置
Switch # show startup-config	查看开机设置
Switch # show history	查看曾经键入过的命令的历史记录
Switch # show interface type slot/number	显示端口信息

续表

命　　令	任　　务
Switch # copy running - config startup - config	将 RAM 中的当前配置保存到 NVRAM 中
Switch # copy startup - config running - config	加载来自 NVRAM 的配置信息
Switch # show vlan	显示虚拟局域网信息
Switch(config) # hostname	修改交换机的名称
Switch(config) # interface interface - number	对端口进行配置
Switch(config - if) # duplex full	将端口设置为全双工模式
Switch(config - if) # speed	设置端口的速度

2.7.2　配置过程

配置过程如下：

（1）按照图 2 - 17 建立拓扑图，用 1 台 PC 机通过配置线对一台 Switch_2960 交换机进行配置。双击"PC 机"进入"Desktop/terminal"中，进入命令行界面，对交换机参数进行配置。使用"show version"命令来查看一下交换机的版本信息。

2960-24TT
Switch0

PC-PT
PC0

图 2 - 17　交换机配置拓扑图

（2）单击交换机图标，选择"CLI"。

```
Switch>enable        //进入特权模式
Switch # conf t        // 进入全局配置模式，conf t＝configure terminal
Switch(config) # int f0/1    //进入交换机端口视图模式，int f0/1＝interface
fastEthernet 0/1
Switch(config - if) # speed 100    //配置交换机端口速度(可用 speed？查看当前速度)
Switch(config - if) # duplex full    //配置交换机端口双工模式(可用 duplex？查看当前模式)
Switch(config - if) # exit    //退回到上一级模式
Switch(config) # end        //直接退回到特权模式
Switch # show version //查看交换机版本信息
Switch # show running - config //查看当前生效的配置信息
```

（3）当前的配置信息为：

```
63488K bytes of flash - simulated non - volatile configuration memory.
Base ethernet MAC Address        : 0000. 0CDC. 39C8
Motherboard assembly number      : 73 - 9832 - 06
Power supply part number         : 341 - 0097 - 02
Motherboard serial number        : FOC103248MJ
Power supply serial number       : DCA102133JA
```

Model revision number	: B0
Motherboard revision number	: C0
Model number	: WS - C2960 - 24TT
System serial number	: FOC1033Z1EY
Top Assembly Part Number	: 800 - 26671 - 02
Top Assembly Revision Number	: B0
Version ID	: V02
CLEI Code Number	: COM3K00BRA
Hardware Board Revision Number	: 0x01

1. 远程配置交换机的硬软件条件是什么？
2. Encapsulation HAPA 是何意？
3. 用什么命令可以查到交换机的硬软件信息。
4. 子接口是物理接口还是逻辑接口？为什么？

2.8　交换机 VLAN 划分实例

2.8.1　理论知识

1. 虚拟局域网

虚拟局域网(Virtual Local Area Network，VLAN)是一种通过将局域网内的设备逻辑地而不是物理地划分成一个个网段从而实现虚拟工作组的技术，它是由一些局域网网段构成的与物理位置无关的逻辑组，它将局域网设备从逻辑上划分成一个个网段，从而实现"虚拟"工作组。VLAN 除了能将网络划分为多个广播域，还能够有效地控制广播风暴的发生。

VLAN 可以根据实际应用需求，把同一物理局域网内的不同用户逻辑地划分成不同的广播域，与物理上形成的 LAN 有着相同的属性。同一个 VLAN 内的各个工作站也可以在不同的物理 LAN 网段。一个 VLAN 内部的广播和单播流量都不会转发到其他 VLAN 中，从而有助于控制流量、降低设备成本、简化网络管理、提高网络的安全性。

利用以太网交换机可以很方便地实现虚拟局域网，虚拟局域网协议允许在以太网的帧格式中插入一个 4 B 的标识符，称为 VLAN 标记。每一个 VLAN 的帧都有一个明确的标识符，指明发送这个帧的工作站是属于哪一个 VLAN。本实例利用交换机划分 VLAN。

2. 访问链接和汇聚链接

交换机的端口，可以分为访问链接(Access Link)和汇聚链接(Trunk Link)两种，前者是指"只属于一个 VLAN，且仅向该 VLAN 转发数据帧"的端口，后者是指能够转发多个不同 VLAN 通信的端口。汇聚链路上流通的数据帧都被附加了用于识别分属哪个 VLAN

的特殊信息，在交换机的汇聚链接上，可以通过对数据帧附加 VLAN 信息，构建跨越多台交换机的 VLAN，附加 VLAN 信息的方法最具代表性的是：IEEE802.1Q 和 ISL（Inter Switch Link）。

2.8.2　配置过程

参考文件"VLAN 划分实例.pkt"，设置交换机 VLAN 划分拓扑图如图 2-18 所示，PC1～PC4 的 IP 地址分别设置为"192.168.1.1～192.168.1.4"。

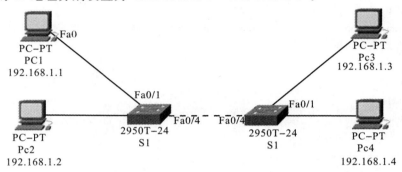

图 2-18　交换机 VLAN 划分拓扑图

通过交换机 S1 和 S2，将 PC1～PC4 划分成 2 个 VLAN，VLAN 2 包括 PC1 和 PC3，VLAN 3 包括 PC2 和 PC4。

1. 关键命令说明

Switch(config)♯vlan vlan 编号　//创建指定编号的 vlan

Switch0(config-if)♯switchport mode access//配置接口为接入模式

Switch0(config-if)♯switchport access vlan vlan 编号//将接口划入指定的 vlan 编号

2. 命令行配置过程

Switch1 配置：

```
Switch＞en
Switch♯conf t
Enter configuration commands，one per line. End with CNTL/Z.
Switch(config)♯hostname S1              //设置主机名
S1(config)♯vlan 2                       //划分 VLAN 2
S1(config-vlan)♯exit
S1(config)♯vlan 3                       //划分 VLAN 3
S1(config-vlan)♯exit
S1(config)♯interface fa0/1
S1(config-if)♯switchport access vlan 2  //将 fa0/1 划分到 VLAN 2
S1(config-if)♯exit
S1(config)♯interface fa0/2
S1(config-if)♯switchport access vlan 3  //将 fa0/2 划分到 VLAN 3
```

```
S1(config – if)♯exit
S1(config)♯interface fa0/4                    //设置 fa0/4 端口模式为 trunk
S1(config – if)♯switchport mode trunk
S1(config – if)♯end
```

Switch2 的配置，与 Switch1 类似：

```
Switch＞en
Switch♯conf t
Enter configuration commands，one per line.    End with CNTL/Z.
Switch(config)♯hostname S2
S2(config)♯vlan 2
S2(config – vlan)♯exit
S2(config)♯vlan 3
S2(config – vlan)♯exit
S2(config)♯interface fa0/1
S2(config – if)♯switchport access vlan 2
S2(config – if)♯exit
S2(config)♯interface fa0/2
S2(config – if)♯switchport access vlan 3
S2(config – if)♯exit
S2(config)♯interface fa0/4
S2(config – if)♯switchport mode trunk
S2(config – if)♯end
```

2.8.3　实例分析

1. 观察 VLAN 划分情况

分别在 Switch1 和 Switch2 的 CLI 模式下，可用"no vlan id"来取消 vlan，也可输入"show vlan brief"命令，看到 VLAN 的划分情况，如图 2-19 所示。

```
S1#show vlan brief

VLAN Name                     Status  Ports
-----------------------       ----    -------------------
1    default                  active  fa0/5, fa0/6, fa0/7, fa0/8
                                      fa0/9, fa0/10, fa0/11, fa0/12
                                      fa0/13, fa0/14, fa0/15, fa0/16
                                      fa0/17, fa0/18, fa0/19, fa0/20
                                      fa0/21, fa0/22, fa0/23, fa0/24
2    VLAN0002                 active  gig1/1, fig1/2
3    VLAN0003                 active  fa0/1
1002 fddi-default             active  fa0/2
1003 token-ring-default       active
1004 fddinet-default          active
1005 trnet-default            active
```

图 2-19　交换机 VLAN 划分情况

2. 测试联通性

可以通过 ping 命令，来验证 PC 机连通性，可以观察到：同 VLAN 的 PC 机经过交换机可以直接通信，如 PC1 和 PC3、PC2 和 PC4，而不同 VLAN 的 PC 机经过交换机不可以直接通信，如 PC1 和 PC2、PC3 和 PC4。

3. 观察 trunk 分组

IEEE802.1Q 是指经过 IEEE 认证对数据帧附加 VLAN 识别信息的协议，它所附加的 VLAN 识别信息位于数据帧中"发送源 MAC 地址"与"类别域"之间，为 2 B 的 TPID 和 2 B 的 TCI，见图 2-20。

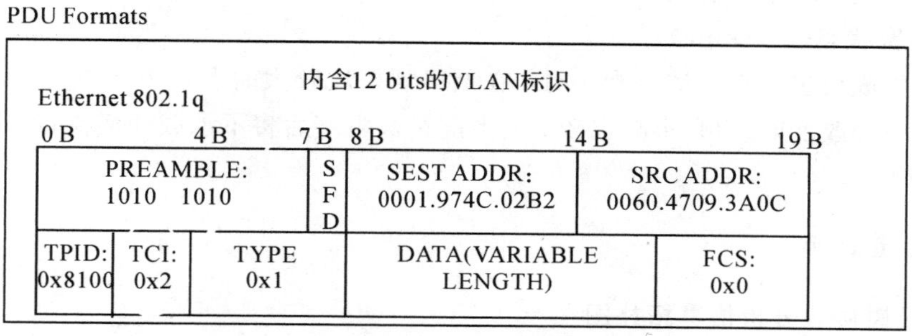

PDU Formats

Ethernet 802.1q		内含12 bits的VLAN标识		

图 2-20　802.1Q 数据帧

思 考 题

1. 交换机有哪两种端口类型？端口 Access 和 Trunk 模式的含义分别是什么？
2. 为什么不同的 2 层 VLAN 间不通过路由就无法通信？
3. VLAN 存在什么缺点？

2.9　生成树协议(STP)分析实例

本实例旨在理解生成树协议的原理，了解生成树避免网络环路的过程。

2.9.1　理论知识

1. 生成树简介

在许多交换机或由交换机设备组成的网络环境中，为提高网络的稳定性和健全性，通常都使用冗余链路，这样可以保证链路上的单点故障不会影响网络的正常通信。但是冗余链路会使网络产生环路问题，导致网络陷入广播风暴、多帧复制和 MAC 地址表不稳定等危机，解决环路问题的有效方法之一就是生成树协议。

生成树协议(Spanning-Tree Protocol，STP)，是一个 2 层的链路管理协议，其国际标准是 IEEE802.1d，它在提供链路冗余的同时防止网络产生环路，与 VLAN 配合可以提供链路负载均衡。

2. 生成树工作过程

运行生成树算法的网桥(交换机)在规定的时间间隔内通过交换网桥协议数据单元(Bridge Protocol Data Unit，BPDU)来构造出一个稳定的生成树拓扑结构，以达到为网络

提供冗余链路的同时消除网络环路的目的。生成树协议的基本思想是网桥(交换机)根据收到的 BPDU 配置消息完成以下工作:

(1) 根据 Bridge 中 ID 值最小原则推选出根交换机(Root Bridge)。

(2) 非根交换机计算出到达根交换机的最短路径。

(3) 所有非根交换机产生一个到达根交换机的端口,即根端口(Root Port)。

(4) 每个 LAN 都会选择一台设备为指定交换机,通过该设备的端口连接到根,将指定交换机和 LAN 连接的端口作为指定端口(Designated Port)。

(5) 将交换网络中所有设备的根端口和指定端口设为转发状态(Forwarding),将其他端口设为阻塞状态(Blocking)。

当然,生成树也存在一些缺点,例如在网络规模比较大时会使整个网络的收敛时间增长;当网络拓扑改变时 STP 影响也较大;当链路被阻塞后将不承载任何流量,从而造成带宽的极大浪费。

2.9.2　配置过程

1. 生成树协议分析仿真拓扑图

设置仿真拓扑图如图 2-21 所示(可参考"STP 分析实例.pkt")。

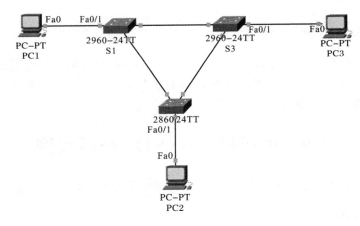

图 2-21　STP 分析仿真拓扑图

主机 PC1 发送一份简短报文给 PC2,已知 PC1 知道 PC2 的 IP 地址但并不知道其 MAC 地址,所以必须先利用 ARP 来获取 PC2 的 MAC 地址,我们观察交换机未启动 STP 时和启动 ST 议后,ARP 报文在主机与交换机以及在交换机间传送的情况,以便帮助我们理解 STP 的作用及工作原理。

2. 配置参数

S1、S2、S3 的 Fa0/1 口分别连接 PC1、PC2、PC3,PC1、PC2、PC3 的 IP 地址分别设置为"192.168.1.1~192.168.1.3",子网掩码均为"255.255.255.0"。

3. 命令行配置过程

1) 无 STP 的情况

交换机在默认状态下会自动启用 STP,为了分析无 STP 下数据在网络中的传送情况,我们必须先停用交换机的 STP。

S1 配置为：

```
S1>enable
S1#conf t
S1(config)# no spanning-tree vlan 1        //停用 STP
```

S2 和 S3 配置方法与 S1 相同。

2）启用 STP 的情况

S1 配置为：

```
S1>enable
S1#conf t
S1(config)# spanning-tree vlan 1           //启用 STP
```

S2 和 S3 配置方法与 S1 相同。

2.9.3　实例分析

1. 没有启用 STP 的场景

（1）在各交换机上停用 STP，在 Simulation（模拟）模式下，设置"Event List Filters"（事件列表过滤器），只选择"ARP""ICMP"。单击"Add Simple PDU"按钮，分别单击"PC1"和"PC2"，产生一个 PC1～PC2 的简单分组，传递过程中逐次单击"Capture/Forward"按钮，观察数据如何在交换机间转发。

（2）简单分组实际为一个 ICMP 报文，由于 PC1 只知道目的主机 PC2 的 IP 地址，而并不知道 PC2 的 MAC 地址，由于数据链路层报文的转发是用 MAC 地址的，所以必须先发送 ARP 报文来获取 PC2 的 MAC 地址。ARP 报文如图 2-22 所示，数据帧首部中的目的 MAC 地址和源端 MAC 地址分别为 FFFF.FFFF.FFFF（广播地址）和 PC1 的 MAC 地址。S1 收到该报文时将其转发给 S2 和 S3，S2 和 S3 收到该报文后又将其转发给另外两个交换机，广播包无休止地形成环路，在交换机之间传播。

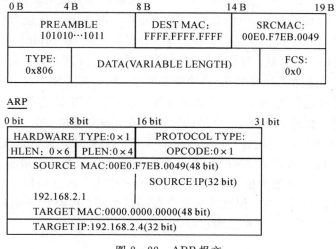

图 2-22　ARP 报文

（3）进入 Realtime 模式，单击"PC1"，在打开的窗口中选择"Desktop"选项卡，选择其中的"Command Prompt"工具，在操作界面中输入"ping 192.168.2.2"，测试 PC1 与 PC2 是否连通，可以观察到"Request timed out"，形成广播风暴，极大地耗费网络资源。

2. 启用 STP 后的场景

（1）在各交换机上，启用 STP。在 Simulation(模拟)模式下，设置"Event List Filters"（事件列表过滤器），只选择"ARP""ICMP""STP"。单击"Add Simple PDU"按钮，分别单击"PC1"和"PC2"，产生一个 PC1～PC2 的简单分组，传递过程中逐次单击"Capture/Forward"按钮，观察数据如何在交换机间转发。发起过程如图 2－23 所示。

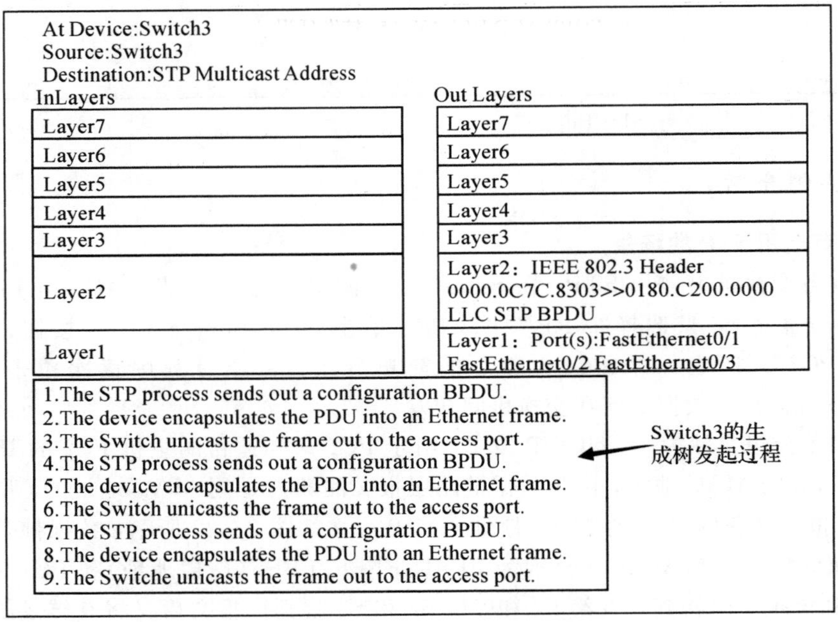

图 2－23　生成树发起过程

（2）首先，通过在交换机之间交换 BPDU，来保证设备完成生成树的计算过程。BPDU帧的目标地址是一个组播地址，为 0180－c200－0000。配置 BPDU 包含配置根桥 ID(Root ID)、根路径开销（Root Path Cost）、指定桥 ID（Designated Bridge ID）、指定端口 ID（Designated Port ID）等信息，完成生成树计算，如图 2－24 所示，各台设备的各个端口在初始时生成以自己为根桥(Root Bridge)的配置消息，然后向外发送自己的配置消息，网络收敛后，根桥向外发送配置 BPDU，其他的设备对该配置 BPDU 进行转发。

（3）如前所述，根据 Bridge ID 值最小原则推选出根交换机，Bridge ID 值由桥优先级（Bridge Priority）和桥 MAC 地址（Bridge Mac Address）组成，在桥优先级相同的情况下（默认情况下 STP 优先级都为 32768），3 台交换机中 MAC 地址值最小的是 S3 的 0001－C76A－B6D2，所以 S3 被选为根交换机，其他交换机则为非根交换机。

（4）根交换机选定后，选非根交换机进行根端口选举，根路径开销最小的端口为根端口，S1 的 fa0/2 和 S3 的 fa0/3 被选为根端口。

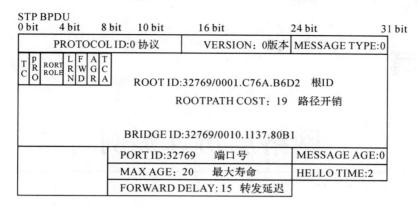

STP BPDU

| 0 bit | 4 bit | 8 bit | 10 bit | 16 bit | 24 bit | 31 bit |

| PROTOCOL ID:0 协议 | VERSION： 0版本 | MESSAGE TYPE:0 |

TC / PRO / PORT ROLE / LRN / FWD / AGR / TCA

ROOT ID:32769/0001.C76A.B6D2　根ID

ROOTPATH COST: 19　路径开销

BRIDGE ID:32769/0010.1137.80B1

PORT ID:32769　　端口号	MESSAGE AGE:0
MAX AGE: 20　　最大寿命	HELLO TIME:2
FORWARD DELAY: 15　转发延迟	

图 2 - 24　生成树 BPDU 帧

（5）每个 LAN 都会选择一台设备作为指定交换机，通过该设备的端口连接到根，将指定交换机和 LAN 连接的端口作为指定端口（Designated Port），Switch1 和 Switch3 的 fa0/1 被选为指定端口。S1 和 S3 间的网段到根交换机的路径开销相同，桥 ID 最小的桥被选举为物理段上的指定桥，连接指定桥的端口为指定端口，S1 的 fa0/3 即被选为指定端口。S3 的 fa0/2 既非根端口又非指定端口，所以被 STP 置为阻塞状态。

（6）可以采用"show spanning - tree"命令查看端口配置信息，如图 2 - 25 所示。

```
Switch>en
Switch#show spanning-tree
VLAN0001
 Spanning tree enabled protocol ieee
Root ID    Priority      32769
           Address       0001.C76A.B6D2
           Cost          19
           Port          3(FastEthernet0/3)
           Hello Time    2 sec Max Age 20 sec Forward Delay 15 sec
Bridge ID Priority       32769(priority 32768 sys-id-ext 1)
           Address       00D0.97CA.B49A
           Hello Time    2 sec Max Age 20 sec Forward Delay 15 sec
           Aging Time    20

Interface           Role Sts Cost     Prio.Nbr Type
------------------- ---- --- -------- -------- ----
fa0/1               Desg FWD 19       128.1  p2p
fa0/2               Altn BLK 19       128.2  p2p
fa0/3               R00t FWD 19       128.3  p2p
```

图 2 - 25　生成树状态图

3. 有无 STP 时网络连通状况比较

停用 STP 和启用 STP 状态下，从 PC1 对 PC2 进行 ping 操作，可以观察到，停用 STP 后网络资源耗尽，无法连通。

思 考 题

1. 快速生成树协议在 STP 的基础上有什么改进？

2. 当前与生成树相关的协议有哪些？

第 3 章

网络层仿真实例

3.1　网络层概述

3.1.1　网络层基本功能

网络层的主要目的是实现两个端系统之间数据的透明传送,具体功能包括寻址、路由选择、连接的建立、保持和终止等。网络层为报文分组以最佳路径通过通信子网到达目的主机提供服务,定义网络操作系统的通信协议,同时也确定从源主机(源节点)沿着网络到达目的主机(宿节点)的路由选择,以及实现交换、路由和对数据包阻塞的控制。网络层向上只提供简单灵活的、无连接的、尽最大努力交付的数据报服务,因此在发送分组时不需要先建立连接,不用保障服务质量。

网络层功能主要有以下 2 个方面。

1. 主机的编址

网络层为信息确定 IP 地址,并通过 ARP 请求将逻辑地址翻译成物理地址。

2. 分组转发与路径选择

在点对点连接的通信子网中,信息从源节点出发,要经过若干个中继节点的存储转发后,才能到达宿节点。通信子网中的路径是指从源节点到宿节点之间的一条通路,它可以表示为从源节点到宿节点之间的相邻节点及其链路的有序集合。一般在 2 个节点之间都会有多条路径选择,路径选择是指在通信子网中,源节点和中间节点为将报文分组传送到宿节点而对其后继节点的选择,这是网络层所要完成的主要功能之一。

3.1.2　IP 地址及子网划分

1. IP 地址

计算机网络中,每一个网络设备(如网卡)都有唯一的物理地址,但由于各种物理网络存在异构性,因此需要利用 IP 协议使这些性能各异的网络从用户的角度看起来好像是一个统一的、抽象的逻辑互连网络,称之为虚拟互联网。IP 地址就是给每个连接在因特网上的主机(或路由器)分配一个在世界范围内唯一的 32 bit 的标识符,它是一种分等级的地址结构,由因特网名字与号码指派公司(Internet Corporation for Assigned Names and Numbers,ICANN)进行分配,其分类如表 3-1 所示。

表 3 - 1　IP 地址分类

IP 地址分类	网络取值范围	最大主机数	适用网络类型	设　备
A 类：126（2^7-2）	1～126	16 777 216	大	0xxx xxxx. x. x. x/8
B 类：16 383（$2^{14}-1$）	128～191	65 536	中	10xx xxxx. x. x. x/16
C 类：2 097 151（$2^{21}-1$）	192～223	256	小	110x xxxx. x. x. x/24
D 类：	224～239			1110 xxxx. x. x. x
E 类：	240～254			1111 xxxx. x. x. x

　　实际上 IP 地址是标志一个主机（或路由器）和一条链路的接口。在同一个局域网上的主机或路由器的 IP 地址中的网络号必须是一样的。路由器总是具有两个或两个以上的 IP 地址。

　　每个 IP 的长度为 32 bit（二进制），由网络地址（Net ID）和主机地址（Host ID）两部分组成，网络地址表示其属于互联网中的哪一个网络，而主机地址表示其属于该网络中的哪一台主机，两者之间是主从关系。

　　分配网络地址时有一些特殊规定：

　　（1）IP 地址的主机标识符字段也可全部设置为 0，表示该地址为"本主机"地址；网络标识符字段也可全部设置为 0，表示该地址为"本网络"地址。

　　（2）当网络或主机标识符字段的每位均设置为 1 时，这个地址是广播地址，标志着该数据报是一个广播式的通信，该数据报可以被发送到网络中所有的子网和主机上。

　　（3）IP 地址不能为 127，127.0.0.1，它表示环回测试。

　　（4）私有的 IP 地址：在有些情况下，一个机构并不需要连接到 Internet 或另一个专用网络上，因此，无须遵守对 IP 地址进行申请和登记的规定，该机构可以使用任何地址。在 RFC1597 中，有些 IP 地址是用作私用地址的。

　　一些特殊的 IP 地址见表 3 - 2。

表 3 - 2　一些特殊的 IP 地址

网络号	主机号	源地址	目的地址	含　义
0	0	可以	不可	在本网络上本主机（见 DHCP 协议）
0	Host-id	可以	不可	在本网络上的某台主机 Host-id
全 1	全 1	不可	可以	只在本网络上进行广播
Net-id	全 1	不可	可以	对 Net-id 上的所有主机进行广播
127	非全 0 或全 1	可以	可以	用作本地软件回环测试之用

2. 划分子网和构建超网

　　两级 IP 地址不够灵活，地址资源的利用率有时会很低。给每一个物理网络分配一个网络号会使路由表变得太大从而使网络性能变坏，因此，用借用主机号的方法来划分子网，这样在 IP 地址中又增加了一个"子网号字段"，使两级 IP 地址变为 3 级 IP 地址。划分子网只是把 IP 地址的主机号这部分进行再划分，而不改变 IP 地址原来的网络号。使用子网掩码（Subnet Mask）可以找出 IP 地址中的子网部分。

　　为进一步提高 IP 地址资源的利用率,人们提出了使用变长子网掩码(Variable Length Subnet Mask,VLSM)的方法。在此基础上,人们又进一步研究出无分类编址方法,它的正式名字是无分类域间路由(Classless Inter-Domain Routing,CIDR)。CIDR 使用各种长度的"网络前缀(Network-Prefix)"来代替分类地址中的网络号和子网号,使得 IP 地址从 3 级编址(使用子网掩码)又回到了 2 级编址,因而可以更加有效地分配 IPv4 的地址空间。

　　一个 CIDR 地址块可以表示很多地址,这种地址的聚合常称为路由聚合,它使得路由表中的一个项目可以表示很多个(如上千个)传统分类地址的路由。路由聚合也称为构成超网(Super Netting)。

3.1.3　网络层的主要协议

　　网际协议 IP 是 TCP/IP 体系中两个核心协议之一,如图 3-1 所示。

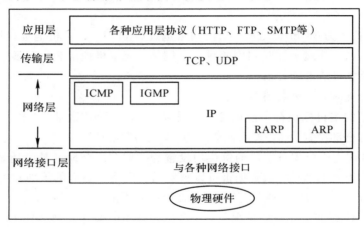

图 3-1　TCP/IP 协议

　　IP 协议非常简单,仅仅提供不可靠、无连接的传送服务。IP 协议的主要功能有无连接数据报传输、数据报路由选择。与 IP 协议配套使用的还有 4 个协议:地址解析协议(ARP)、逆地址解析协议(Reverse Address Resolution Protocol,RARP)、网际控制报文协议(Internet Control Message Protocol,ICMP)和网际组管理协议(Internet Group Management Protocol,IGMP)。

1. 解析协议 ARP 与逆地址解析协议 RARP

　　所谓地址解析,就是主机在发送帧前将目标 IP 地址转换成目标 MAC 地址的过程。ARP 协议的基本功能就是通过目标设备的 IP 地址,查询目标设备的 MAC 地址,以保证通信的顺利进行。

2. 因特网报文协议 ICMP

　　为了更有效地转发 IP 数据报并提高交付成功率,TCP/IP 体系结构的网络层采用了网际控制报文协议 ICMP。ICMP 分为差错报告报文和询问报文两大类,它们均被封装在 IP 数据报中发送。

　　差错控制报文包括 5 种类型:目的不可达(Destination Unreachable)、源点抑制(Source Quench)、超时(Time Exceeded)、参数问题(Parameter Problem)、重定向

（Redirect）。

　　询问报文有两种类型：回送请求（Echo Request）和回答报文（Echo Reply）用来测试目的站是否可达并了解其状态；时间戳请求（Timestamp Request）和回答报文（Timestamp Reply）用于时钟同步和时间测量。

　　ICMP 的应用场景主要有两种：一是分组网间探测（Packet Internet Groper，PING），用于测试主机或路由器之间的连通性；二是路由跟踪 Tracert，用于追踪 IP 数据报从源主机到目的主机所经过的路由器路径。

3. 因特网组管理协议 IGMP

　　因特网组管理协议（IGMP）是 TCP/IP 协议族中负责 IP 组播成员管理的协议。IGMP 用来在 IP 主机和与其直接相邻的组播交换机之间建立、维护组播组成员关系，但 IGMP 不包括组播交换机之间的组成员关系信息的传播与维护，这部分工作由各组播路由协议完成。所有参与组播的主机必须实现 IGMP 协议。

　　IGMP 提供了在转发组播数据包到目的地的最后阶段所需的信息，实现如下双向的功能：

　　（1）主机通过 IGMP 通知路由器希望接收或离开某个特定组播组的信息。

　　（2）路由器通过 IGMP 周期性地查询局域网内的组播组成员是否处于活动状态，实现所联网段组成员关系的收集与维护。

3.1.4　主要路由协议

　　数据链路层协议是相邻两个直接连接的主机之间的通信协议，它不能解决数据通过通信子网中多个转接节点的通信问题。网络层则可以将一个网络的数据包发送到另一个网络，路由就是指导 IP 数据包发送的路径信息。路由协议是在路由指导 IP 数据包发送过程中事先约定好的规定和标准。

　　自治系统（Autonomous System，AS）指的是一组在统一的管理域下运行并共享相似路由策略的路由器集合。每个自治系统都拥有唯一的编号，该编号由互联网编号分配机构（Internet Assigned Numbers Authority，IANA）统一分配。根据路由器在自治系统（AS）中的位置，可将路由协议分为内部网关协议（Interior Gateway Protocol，IGP）和外部网关协议（External Gateway Protocol，EGP），外部网关协议也叫域间路由协议。IGP 有 RIP、OSPF 等协议；EGP 最典型的代表是边界网关协议（Border Gateway Protocol，BGP）。EGP 是为一个简单的树状拓扑结构而设计的，在处理选路循环和设置选路策略时有明显的缺点，已被 BGP 代替。

　　根据路由算法，路由协议可分为距离向量路由协议（Distance Vector Routing Protocol，DSDV）和链路状态路由协议（Link State Routing Protocol，LSRP）。距离向量路由协议基于 Bellman-Ford 算法，主要有 RIP、IGRP（Cisco 公司的私有协议）；链路状态路由协议基于图论中非常著名的 Dijkstra 算法，即最短优先路径（Shortest Path First，SPF）算法（如 OSPF）。在距离向量路由协议中，路由器将部分或全部路由表传递给与其相邻的路由器；而在链路状态路由协议中，路由器将链路状态信息传递给在同一区域内的所有路由器。二者之间的对比如表 3-3 所示。

表 3 - 3　RIP 协议和 OSPF 协议的比较

路由协议 名称	适用 网络	分层	环路	中　继	收敛	更　　新	VLSM	算　法
RIP	小型	平面	有	<16	慢	30 s	不支持	Shortest path
OSPF	较大	层次	无	无限制	快	状态变化	支持	Link state

思考题

1. 为什么要划分子网和构建超网?
2. 路由器的主要作用是什么?
3. 路由协议的度量(Metric)有哪些?

3.2　IP 地址划分实例

3.2.1　理论知识

本实例根据需要,将对私有地址空间 192.168.1.0/24 进行子网划分,目的是为连接到路由器的两个 LAN 提供足够的主机地址,以解决现有地址不足的问题。将有效的主机地址分配给适当的设备和接口,然后测试连通性,以此检验 IP 地址实施情况。

建立如图 3-2 所示的拓扑图,网络应该包含以下网段:连接到路由器 R1 的 LAN 要求具有能够支持 15 台主机的 IP 地址,连接到路由器 R2 的 LAN 要求具有能够支持 30 台主机的 IP 地址,路由器 R1 与路由器 R2 之间的链路要求链路的每一端都应有 IP 地址。

图 3-2　地址划分拓扑图

192.168.1.0 是 C 类地址,其默认子网掩码是"255.255.255.0＝11111111.11111111.11111111.00000000"(1 代表网络位,0 代表主机位),因此需要从主机位借位成网络位来划分网络。将网络地址 192.168.1.0/24 划分成分别能够容纳 30 台和 15 台主机的子网,步骤如下。

1. 确定主机位

将所需要的主机数自大而小地排列出来,由于每个网段需要容纳的主机 IP 数 m 分别为 30、15、2,主机位 n 与 m 的关系应该满足 $2^n-2 \geqslant m$,于是,可以得到 3 个网段的主机位 n 分别为 5、5、2,n 为 5 表示最后一个字节的 5 位用来作为主机 IP,每个子网有 2^5-2 个可用的主机。

2. 根据主机位决定网络位

由于前三个字节(192.168.1)不变,因此最后一个字节还有 8－5＝3 位用于网络划分,可以构成 2^3＝8 个子网,即 192.168.1.0/27(0000 0000)、192.168.1.32/27(0010 0000)、192.168.1.64/27(0100 0000)…192.168.1.224/27(1110 0000),由于第一个(全 0)和最后一个(全 1)是无效网络,所以有 6 个地址可选用。

3. 确定详细的 IP 地址

在二进制中用网络位数掩盖 IP 前面相应的位数,IP 后面的位数即为主机 IP 位,网络以点分十进制格式表示的子网掩码是 255.255.255.224。选取每个子网的第一个 IP 为网络地址,最后一个 IP 为广播地址,它们之间的 IP 为有效 IP 地址,得到 IP 地址分配如表3-4 所示。

表 3-4　IP 地址分配表

网段	网络地址	有效 IP	广播地址
R1	192.168.1.32/27	192.168.15.33～192.168.0.62	192.168.0.63
R2	192.168.1.64/27	192.168.15.65～192.168.0.94	192.168.0.95
R1 和 R2	192.168.5.96/27	192.168.0.97～192.168.0.126	192.168.0.127

3.2.2　配置过程

1. 为设备配置 IP 地址

为主机 PC1 和 PC2 配置 IP 地址,包括子网掩码和默认网关。单击主机"PC1",选择"Desktop"(桌面)选项卡中的"IP Configuration"(IP 配置),输入相应的 IP 地址等项目。

单击"路由器"按钮,再单击"Config"(配置)选项卡,在左侧的"Interface"(接口)下单击"Fast Ethernet0/0"按钮,输入 IP 地址和子网掩码,然后将"Port Status"(端口状态)设置为"On"(打开)。用同样的方式设置"FastEthernet0/1"。

在等效 IOS 命令(Equivalent IOS Commands)窗口中,以上操作产生了实际命令。可以滚动查看命令窗口,亦可将这些命令直接输入路由器,而非使用 Config(配置)选项卡输入。如用以下命令进行设置:

(1) 对 PC1 的配置:PC＞ipconfig 192.168.1.62 255.255.255.224 192.168.1.33,PC1 的默认网关即为连接路由器 LAN 口的 IP 地址。

(2) 对 R1 路由配置:ip route 192.168.1.96 255.255.255.224 192.168.1.94。

(3) 对 R2 路由配置:ip route 192.168.1.32 255.255.255.224 192.168.1.65。

2. 检验地址配置

测试主机 PC1、PC2 以及 R1、R2 之间的连通性,可以使用 Add Simple PDU(添加简单 PDU)工具在设备之间执行 ping 操作,也可以单击主机"PC1"或"PC2",然后单击"Desktop"(桌面)选项卡,再单击"Command Prompt"(命令提示符)。使用 ping 命令测试与其他设备的连接,比如能否从连接到 R1 的主机 ping 默认网关(R1 Lan 端口)? 能否从连接到 R2 的主机 ping 默认网关(R2 Lan 端口)? 能否从路由器 R1 ping R2 的 Serial 0/0/0 接口? 能否从路由器 R2 ping R1 的 Serial 0/0/0 接口?

思考题

1．如果要求 R1 支持 50 台主机 IP，R2 支持 100 台主机 IP，地址将如何划分？

2．已知某个网络地址为 192.168.1.0，使用子网掩码 255.255.255.128 对其进行子网划分，则所划分出的第一个子网的广播地址是多少？

3.3　路由器配置实例

本实例的主要目的是：掌握路由器几种常用配置方法，即采用 Console 线缆配置路由器的方法和采用 Telnet 方式配置路由器的方法；熟悉路由器不同的命令行操作模式以及各种模式之间的切换；掌握路由器的基本配置命令。

3.3.1　理论知识

路由器是一种具有多个输入端口和多个输出端口的专用计算机，其任务是转发分组，可以将路由器从某个输入端口收到的分组按照分组要去的目的地（即目的网络）把该分组从路由器的某个合适的输出端口转发给下一跳路由器。下一跳路由器也按照这种方法处理分组，直到该分组到达终点为止。

整个路由器结构可划分为路由选择和分组转发两大部分。路由选择部分也叫控制部分，其核心构件是路由选择处理机。路由选择处理机的任务是：根据所选定的路由选择协议构造出路由表，同时经常或定期地和相邻路由器交换路由信息而不断地更新和维护路由表；分组转发部分根据转发表（Forwarding Table）对分组进行处理，将某个输入端口进入的分组从一个合适的输出端口转发出去。

路由器是网络层的主要设备，需要对其进行管理配置，包括登录路由器，了解、掌握路由器的命令行操作。一般在设备机房对路由器进行了初次配置后，以后在办公室或出差时也可以对该设备进行远程管理。

路由器的管理方式基本分为带内管理和带外管理两种。带外管理通过路由器的 Console 口进行管理，不占用路由器的网络接口，但需要使用配置线缆，近距离配置。此外，还可以通过 Ethernet 上的 TFTP 服务器、Telnet 程序、SNMP 网管工作站等来对路由器进行远程配置。与路由器配置相关的命令如表 3-5 所示。

表 3-5　路由器的各种模式及命令描述

任　　务	命　　令
1．改变命令状态	
进入特权命令状态	enable
退出特权命令状态	disable
进入设置对话状态	setup

续表

任　务	命　令
进入全局设置状态	config terminal
退出全局设置状态	end
进入端口设置状态	interface type slot/number
进入子端口设置状态	interface type number. subinterface [point – to – point	multipoint]
进入线路设置状态	line type slot/number
进入路由设置状态	router protocol
退出局部设置状态	exit
2. 显示命令	
查看版本及引导信息	show version
查看运行设置	show running – config
查看开机设置	show startup – config
显示端口信息	show interface type slot/number
显示路由信息	show ip router
3. 网络命令	
登录远程主机	telnet hotstname/IP address
网络侦测	ping hostname/IP address
路由跟踪	trace hostname/IP address
4. 基本设置命令	
全局设置	config terminal
设置访问用户及密码	username username password password
设置特权密码	enable secret password
设置路由器名	hostname name
设置静态路由	ip route destination subnet – mask next – hop
启动 IP 路由	ip routing
启动 IPX 路由	ipx routing
端口设置	interface type slot/number
设置 IP 地址	ip addressa ddress subnet – mask
设置 IPX 网络	ipx network network
激活端口	no shutdown
物理线路设置	line type number
启动登录进程	login[local|tacacs server]
设置登录密码	password password

3.3.2　配置过程

首先参考"路由器配置实例.pkt",建立 Packet Tracer 拓扑图,如图 3 - 3 所示。

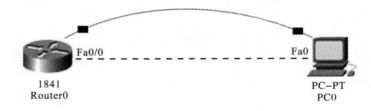

图 3 - 3　路由器配置实例拓扑图

设置 Generic 路由器 1 台,PC0 计算机 1 台,分别通过交叉线(Cross-over)和配置线(Console)将其相连。服务器端口在选择交叉线时,配置为 FastEthernet 0/0。PC 配置参数如表 3 - 6 所示。

表 3 - 6　PC 配置参数

配置对象	配置参数	备　　注
端口	FastEthernet 0	单击"PC"图标,通过 Config/Interface 配置
IP 地址	192.168.1.2	单击"PC"图标,通过 Config/FastEthernet 0 配置
Submask	255.255.255.0	
Gateway	192.168.1.1	通过 Config/Setting 配置

主要配置过程为如下:

(1) 路由器通过 Console 接口与计算机串口建立连接。

(2) 配置路由器的管理 IP 地址,并为 Telnet 用户配置用户名和登录口令。配置计算机的 IP 地址(与路由器管理 IP 地址在同一个网段),通过网线将计算机和路由器相连,通过计算机 Telnet 到路由器上对交换机进行查看。

(3) 更改路由器的主机名。

(4) 擦除配置信息,保存配置信息,显示配置信息。

(5) 显示当前配置信息。

(6) 显示历史命令。

通过单击"PC 图标/desktop/terminal"在计算机上启用超级终端,并配置超级终端的参数,界面显示如下:

```
Router>en
Router#configure terminal   //可简写为 conf t
Router(config)#hostname R1   //修改路由器主机名
R1(config)#enable password 123456   //设置进入特权模式密码
R1(config)#line vty 0 4
R1(config-line)#password tel12345   //设置 Telnet 远程登录密码
R1(config-line)#login
```

```
R1(config－line)♯exit
R1(config)♯interface fa 0/0
R1(config－if)♯ip address 192.168.1.1 255.255.255.0      //配置路由器的管理 IP 地址
R1(config－if)♯no shut   //路由器端口默认关闭，开启 fa0/0 端口
R1(config－if)♯
显示：%LINK－5－CHANGED：Interface FastEthernet0/0，changed state to up
%LINEPROTO－5－UPDOWN：Line protocol on Interface FastEthernet0/0，changed state to up
R1(config－if)♯end
R1♯
显示：%SYS－5－CONFIG_I：Configured from console by console
```

单击"PC0"，通过 Command Prompt PC 端登录测试，显示界面如下：

```
PC＞ipconfig
    显示：以太网连接，MAC 地址，IP 地址等信息。
PC＞ping 192.168.1.1
    显示：ICMP 分组，Reply from 192.168.1.1：bytes＝32 time＝191ms TTL＝255 等信息
PC＞telnet 192.168.1.1
显示：Trying 192.168.1.1 …Open，User Access Verification
Password：//输入 vty 密码
R1＞en
Password：//输入 enable 密码
R1♯
R1♯show running－config //查看配置信息，显示路由器的配置信息
```

1．路由器可以采用哪些方式进行配置？
2．路由器配置有几种模式？各种模式如何切换？
3．描述路由器原理及其工作过程。

3.4　静态路由配置实例

3.4.1　理论知识

　　路由器属于网络层设备，能够根据 IP 包头的信息，选择一条最佳路径，将数据包转发出去，实现不同网段主机之间的互相访问。路由器是根据路由表进行选路和转发的，而路由表就是由一条条路由信息组成的。

　　生成路由表主要有两种方法——手工配置和动态配置，即静态路由协议配置和动态路

由协议配置。静态路由是指由网络管理员手工配置的路由信息。静态路由除了具有简单、高效、可靠的优点外，它的网络安全保密性还很高。缺省路由(Default Route)可以看作是静态路由的一种特殊情况：当数据在查找路由表，没有找到和目标相匹配的路由表项时，为数据指定的路由。

　　本实例的主要目的是：掌握静态路由的配置方法和技巧；掌握通过静态路由方式实现网络的连通性；熟悉广域网线缆的连接方式。

3.4.2　配置过程

　　假设学校有新旧 2 个校区，每个校区是一个独立的局域网，为了使新旧校区能够正常相互通信，共享资源，每个校区的出口利用 1 台路由器进行连接，学校在 2 台路由器间申请了一条 2 Mb/s 的 DDN 专线进行相连，要求做适当配置实现两个校区的正常相互访问。

　　首先参考"静态路由配置实例.pkt"，建立 Cisco Packet Tracer 拓扑图，如图 3 - 4 所示。

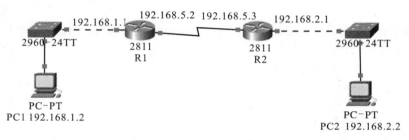

图 3 - 4　路由器配置实例拓扑图

　　设置 2 台 PC 即 PC1、PC2，IP 地址分别为"192.168.1.2""192.168.2.2"，子网掩码均为"255.255.255.0"，网关分别为"192.168.1.1""192.168.2.1"。

　　设置 2 台可扩展路由器 2811，分别为 R1、R2，R1 端口地址分别为"192.168.1.1""192.168.5.2"，R2 端口地址分别为"192.168.2.1""192.168.5.3"；2 台 2960 交换机，分别为 S1、S2。PC 和交换机之间用直连线连接，交换机和路由器之间用交叉线连接，路由器之间用 DCE 串口线连接，注意需要在路由器上添加 WIC - 1T 之类的广域网模块。双击路由器，首先关闭电源，然后从左边用鼠标拉一个模块到路由器的空插槽上，接通电源，这个过程跟现实中是一样的。添加了这样的串口模块之后，就可以用 DTE 和 DCE 线缆连接 2 台路由器了。

　　设置连接好路由器后，具体的配置步骤如下：

（1）在路由器 R1、R2 上配置接口的 IP 地址和 R1 串口上的时钟频率。

（2）查看路由器生成的直连路由。

（3）在路由器 R1、R2 上配置静态路由。

（4）验证 R1、R2 上的静态路由配置。

（5）将 PC1、PC2 主机默认网关分别设置为路由器接口 fa1/0 的 IP 地址。

（6）PC1、PC2 主机之间可以相互通信。

分别进入 2 个路由器的 CLI 命令界面，R1 配置命令如下：

```
Router>en
Router#conf t
Router(config)#hostname R1
R1(config)#interface fa0/1
R1(config-if)#no shutdown
R1(config-if)#ip address 192.168.1.1 255.255.255.0
R1(config-if)#exit
R1(config)#interface serial 0/2/0
R1(config-if)#no shutdown
%LINK-5-CHANGED：Interface Serial0/2/0，changed state to down
R1(config-if)#clock rate 64000
R1(config-if)#ip address 192.168.5.2 255.255.255.0
R1(config-if)#end
R1#
%SYS-5-CONFIG_I：Configured from console by console
R1>en
R1#conf t
R1(config)#ip route 192.168.2.0 255.255.255.0 192.168.5.3
R1(config)#show ip route
R1(config)#end
R1(config)#show ip route
```

同理，R2 配置命令如下：

```
Router>en
Router#conf t
Enter configuration commands，one per line.　　End with CNTL/Z.
Router(config)#hostname R2
R2(config)#int fa 0/1
R2(config-if)#no shut
R2(config-if)#
%LINK-5-CHANGED：Interface FastEthernet0/1，changed state to up
%LINEPROTO-5-UPDOWN：Line protocol on Interface FastEthernet0/1，changed state to up
R2(config-if)#ip address 192.168.2.1 255.255.255.0
R2(config-if)#exit
R2(config)#int serial 0/2/0
R2(config-if)#ip address 192.168.5.3 255.255.255.0
R2(config-if)#no shut
R2(config-if)#
%LINK-5-CHANGED：Interface Serial0/2/0，changed state to up
R2(config-if)#end　　　//建立与 R1 之间的联系
R1>en
R1#conf t
R1(config)#ip route 192.168.1.0 255.255.255.0 192.168.5.2　　//建立 PC2 与 R2 之间的联系
R1(config)#show ip route　　//查看当前的路由表
R1(config)#end
```

　　图 3-5 为路由表项的具体内容,可以用"show ip route static"来查看,其中 C 表示直接连接,S 表示通过静态路由连接。

```
R1>show ip route static
S     192.168.2.0/24 [1/0] via 192.168.5.3
R1>show ip route
Codes:C—connected,s-static,I-IGRP,R-RIP,M-mobile,B-BGP
      D-EIGRP, EX-EIGRP external,O-OSPE,IA-OSPF inter area
      N1-OSPF NSSA external type 1, N2-OSPF NSSA external type 2
      E1-OSPF external type 1,E2-OSPF external type 2,E-EGP
      i - IS-IS,L1-IS-IS level-1,L2-IS-IS level-2,ia-IS-IS inter area
      w-candidate default,U-per-user static route,o-ODR
      P-periodic downloaded static route
Gateway of last resout is not set                      直接连接到192.168.1.0网段
c     192.168.1.0/24 is directly connected, fast Ethernet0/1
s     192.168.2.0/24 [1/0] via 192.168.5.3      ◀━━ 通过静态路由连接到192.168.5.3网段
c     192.168.5.0/24 is directly connected,Serial0/2/0
R1>
                             直接连接到192.168.5.0网段
```

图 3-5　路由表项内容

◆-◆■◆-◆■◆-◆■◆-◆■◆
思 考 题
◆-◆■◆-◆■◆-◆■◆-◆■◆

　　1. 比较静态路由和动态路由的特点。
　　2. 静态路由表是如何建立的?
　　3. 什么是默认路由? 如何配置(自己设计一个实验)?
　　4. 管理距离有何作用? 静态路由的管理距离是多少?

3.5　ARP 分析实例

3.5.1　ARP 概述

　　在网络层及以上通常使用 IP 地址,而在链路层以下通常使用硬件地址,如图 3-6 所示。地址解析协议(ARP)就是将 IP 地址解析为以太网 MAC 地址(或称物理地址)的协议。

　　在局域网中,网络中实际传输的是"帧",帧里面含有目标主机的 MAC 地址。在以太网中,一个主机和另一个主机进行直接通信,也必须要知道目标主机的 MAC 地址。发送方发送数据时,需要对协议数据单元 PDU 进行封装。使用 IP 地址的 IP 数据报一旦交给了数据链路层,就被封装成 MAC 帧。MAC 帧在传送时使用的源地址和目的地址都是硬件地址(即 MAC 地址,或物理地址),这个地址被写在 MAC 帧的首部。数据链路上的设备根据 MAC 帧首部的硬件地址进行接收,在数据链路层是看不到隐藏在 MAC 帧中的 IP 地址的。接收方对 MAC 帧进行解封装,剥去 MAC 帧的首部和尾部后把数据部分(即 IP 数据报)上交给网络层,网络层才能在 IP 数据报中看到源 IP 地址和目的 IP 地址。

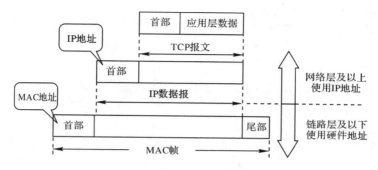

图 3 - 6　IP 地址与 MAC 地址的关系

ARP 的作用就是在已知某一主机的 IP 地址的情况下，通过 ARP 协议来获取该主机的 MAC 地址。在局域网中，当主机或其他网络设备有数据要发送给另一个主机或设备时，它必须知道对方的网络层地址（即 IP 地址）。但是仅仅有 IP 地址是不够的，因为 IP 数据报文必须封装成帧才能通过 MAC 网络发送，因此发送站还必须有接收站的 MAC 地址，所以需要一个从 IP 地址到 MAC 地址的映射，ARP 就是实现这个功能的协议。每一个主机都设有一个 ARP 高速缓存（ARP Cache），里面有所在的局域网上的各主机和路由器的 IP 地址到 MAC 地址的映射表。

3.5.2　配置过程

参考"ARP 实例分析.pkt"文件，建立 ARP 仿真拓扑图，如图 3 - 7 所示，配置参数如表 3 - 7 所示。

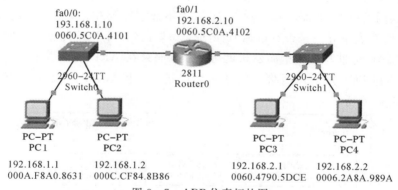

图 3 - 7　ARP 仿真拓扑图

表 3 - 7　主机、路由器接口地址配置

设　备	接口	IP 地址	掩　码	默认网关
PC1		192.168.1.1	255.255.255.0	192.168.1.10
PC2		192.168.1.2	255.255.255.0	192.168.1.10
PC3		192.168.2.1	255.255.255.0	192.168.2.10
PC4		192.168.2.2	255.255.255.0	192.168.2.10
Router0	fa0/0	192.168.1.10	255.255.255.0	
	fa0/1	192.168.2.10	255.255.255.0	

路由器 Router0 的配命令如下：

```
Router>
Router>en
Router#config t
Enter configuration commands, one per line.   End with CNTL/Z.
Router(config)#interface fa0/0
Router(config-if)#no shut
Router(config-if)#ip address 192.168.1.10 255.255.255.0
Router(config-if)#exit
Router(config)# interface fa0/1
Router(config-if)#no shut
Router(config-if)#ip address 192.168.2.10 255.255.255.0
Router(config-if)#exit
```

3.5.3 ARP 分析

启动"ARP 实例分析.pkt"，在逻辑工作区参照图 3-7 所示拓扑图做好相应连接和配置，在 Simulation(模拟)模式下，设置"Event List Filters"(事件列表过滤器)，只选择"ARP""ICMP"，过程中逐次单击"Auto Capture Play"按钮，观察 ARP 的运行情况。

利用"arp-a""clear arp-cache"命令分别清空 PC0 和 Router0 的 ARP 缓存，此时 PC0 上的 ARP 缓存为空，显示"No ARP Entries Found"。接着从 PC1 去 ping 跨网段的 PC4 (192.168.2.2)，PC1 的 ICMP 报文必须先送到与其在同一网段的默认网关(Router0)，PC1 只知默认网关的 IP 地址(192.168.1.10)，而不知它的 MAC 地址。所以主机 PC1 会在自己的 ARP 缓存表中寻找是否有目标 IP 地址，如果找到了，也就知道了目标 MAC 地址，直接把目标 MAC 地址写入帧里面发送就可以了。如果在 ARP 缓存表中没有找到相对应的 IP 地址，主机 PC1 就会在网络上发送一个广播——目标 MAC 地址是"FFFF.FFFF. FFFF"，如图 3-8 所示。

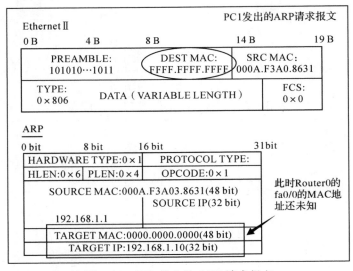

图 3-8 PC1 发出的 ARP 请求报文

这个 APP 请求报文表示向同一网段内的所有主机发出这样的询问："192.168.1.1 的 MAC 地址是什么?"网络上其他主机并不响应 ARP 询问,只有默认网关接收到这个帧时,才向主机 PC1 做出回应:"192.168.1.10 的 MAC 地址是 0060 - 5C0A - 4101。"这样,主机 PC1 就知道了默认网关的 MAC 地址,它就可以向默认网关发送信息了,如图 3 - 9 所示。

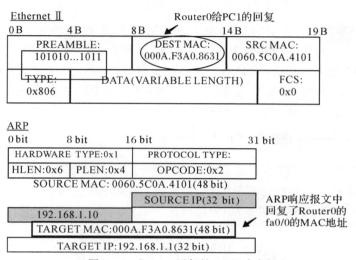

图 3 - 9　Router 回复的 ARP 响应报文

再次查看 PC0 的 ARP 缓存,发现默认网关 192.168.1.10 的 MAC 地址已出现在缓存中,如图 3 - 10 所示。

图 3 - 10　PC1 表项中的 MAC 地址

同理,从 PC1 连续 ping PC2、PC3 后,可以用 arp - a 命令来查看 PC1 的 ARP 缓存。

此外,ARP 缓存表还采用了老化机制,如果表中的某一行在一段时间内没有被使用,就会被删除,这样可以大大减少 ARP 缓存表的长度,从而加快查询速度。

1. ARP 缓存的目的是什么?
2. 主机怎样查询到另一个网段上的 MAC 地址?
3. ARP 是否存在安全隐患?

3.6　NAT 协议分析实例

3.6.1　NAT 概述

一般机构采用专用网络,其内部各主机配置的 IP 地址通常为私有地址(Private

Address),这些地址由机构自行分配,无须向因特网管理机构申请。专用网络在公用网络上构建时,采用的技术称为虚拟专用网(Virtual Private Network,VPN),它利用公共因特网作为通信载体,实现机构内部网络的互联。为实现VPN,需采用隧道(封装)技术、加密解密技术、密钥管理技术和身份认证技术。同时,为实现内网和外网地址的转换,需要用到网络地址转换(Network Address Translation,NAT)协议。

NAT是将IP数据报报头中的IP地址转换为另一个IP地址的过程。在实际应用中,NAT主要用于实现私有网络访问外部网络的功能,这种通过使用少量的全局IP地址映射数目较多的本地IP地址的方式,可以在一定程度上缓解IP地址空间枯竭的压力。NAT还能在一定程度上增加网络的私密性和安全性,因为它对外部网络隐藏了内部IP地址。

NAT的实现方式有3种,即静态转换(Static NAT)、动态转换(Dynamic NAT)和端口多路复用(Port Address Translation,PAT)。

1. 静态转换

静态转换是指将内部网络的私有IP地址转换为公有IP地址时,IP地址对是一对一的,某个私有IP地址只能转换为某个公有IP地址。借助于静态转换,可以实现外部网络对内部网络中某些特定设备(如服务器)的访问。

2. 动态转换

动态转换是指将内部网络的私有IP地址转换为公用IP地址时,IP地址是不确定的,是随机的,所有被授权访问Internet的私有IP地址可随机转换为任何指定的合法IP地址,也就是说,只要指定哪些内部地址可以进行转换,以及用哪些合法地址作为外部地址,就可以进行动态转换。动态转换可以使用多个合法的外部地址集,因此当ISP提供的合法IP地址略少于网络内部的计算机数量时,可以采用动态转换的方式。

3. 端口多路复用

端口多路复用是指改变外出数据包的源端口并进行端口转换,即端口地址转换。采用端口多路复用方式,内部网络的所有主机均可共享一个合法外部IP地址来实现对Internet的访问,从而可以最大限度地节约IP地址资源,同时又可隐藏网络内部的所有主机,有效避免来自Internet的攻击。因此,目前网络中应用最多的就是端口多路复用方式。

3.6.2 配置过程

参考"NAT协议分析实例.pkt",建立NAT仿真拓扑图如图3-11所示。

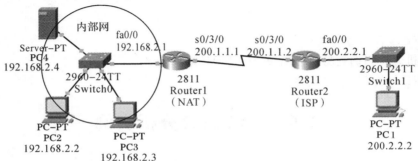

图3-11 NAT仿真拓扑图

Router1 是内部网和外网的边界路由器，内部网络使用本地 IP 地址进行编址，Router2 是 ISP 的路由器。路由器的端口和 IP 地址配置如表 3-8 所示。

表 3-8　NAT 转换路由器接口及 IP 地址配置

路由器	接口	IP 地址	子网掩码	默认网关
Router1	1　(fa0/0)	192.168.2.1	255.255.255.0	
	2　(S0/3/0)	200.1.1.1	255.255.255.252	
Router2	1　(fa0/0)	200.2.2.1	255.255.255.240	
	2　(S0/3/0)	200.1.1.2	255.255.255.252	
PC1		200.2.2.2	255.255.255.0	200.2.2.1
PC2		192.168.2.2	255.255.255.0	192.168.2.1
PC3		192.168.2.3	255.255.255.0	192.168.2.1
PC4(Server)		192.168.2.4	255.255.255.0	192.168.2.1

3.6.3　NAT 静态转换实例分析

内部网络的 3 台主机 PC2~PC4 的 IP 地址为"192.168.2.2~192.168.2.4"，分别转换为全局 IP 地址"100.1.1.1~100.1.1.3"。

1. 关键命令说明

Router(config)♯ip nat inside source static 内部地址 外部地址
//定义内部源地址静态转换关系
R(config-if)♯ip nat inside//定义该接口连接内部网络
R(config-if)♯ip nat outside//定义该接口连接外部网络

2. 命令行配置过程

Router1 配置如下：

```
Router>en
Router♯config t      //路由器接口 s0/3/0 和 fa0/0 按表 3-8，在"configure"菜单中直接配置
Router(config)♯ip nat inside source static 192.168.2.2 100.1.1.1
Router(config)♯ip nat inside source static 192.168.2.3 100.1.1.2
Router(config)♯ip nat inside source static 192.168.2.4 100.1.1.3
Router(config)♯interface f0/0
Router(config-if)♯ip nat inside
Router(config-if)♯exit
Router(config)♯interface s0/3/0
Router(config-if)♯ip nat outside
Router(config-if)♯exit
Router(config)♯ip route 0.0.0.0 0.0.0.0 200.1.1.2    //在 R1 上配置默认路由，把所有非本网络的
                                                         请求都发往外网
```

　　Router2 配置如下：

```
Router>en
Router#config t        //路由器接口 s0/3/0 和 fa0/0 按表 3-8，在"configure"菜单中直接配置
Router(config)#ip route 100.1.1.0 255.255.255.248 200.1.1.1 //目的网络地址＋目的网络掩码＋
                                                                       F-跳
```

3. NAT 仿真分析

　　参考"NAT 协议分析实例.pkt"文件，启动"Packet Tracer"，在逻辑工作区参照图 3-11 所示拓扑图做好相应连接和配置，在 Simulation(模拟)模式下，设置"Event List Filters"(事件列表过滤器)，只选择"ICMP"，逐次单击"Auto Capture Play"按钮，观察 NAT 地址转换是如何进行的。

　　从 PC2(192.168.2.2)ping PC1(200.2.2.2)，ICMP 报文在到达边界路由器 Router1 时做了地址转换，比较 R1 输入和输出的 ICMP 报文，如图 3-12 所示。

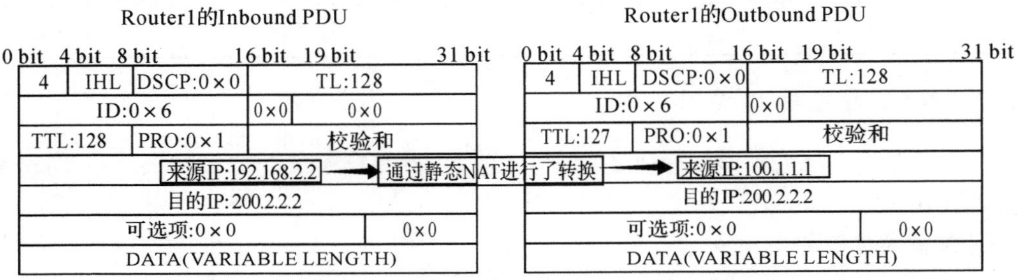

图 3-12　Router1 的输入和输出 ICMP 报文

　　Router1 输入 ICMP 报文的来源 IP 地址为"192.168.2.2"，Router1 输出 ICMP 报文的来源 IP 地址已变为"100.1.1.1"，在 Router1 内完成了 NAT 的静态地址转换。

　　静态地址转换时，内部本地地址和内部全局地址是静态一对一映射的，这意味着对每一个内部本地地址，静态 NAT 都需要一个内部全局地址，因此并不能节约全局 IP 地址。基于这个原因，静态 NAT 一般只用于一些特殊情况，如当有重叠网络时或是允许外部用户访问一个内部编址的服务器时。例子中内部网中的 Web 服务器允许外部网访问时，外部网可以通过静态映射的全局地址 100.1.1.3 访问该服务器。从外部网 PC1 对 100.1.1.3 进行 ping 操作，ICMP 报文在到达边界路由器 Router1 时做了地址转换，比较 Router1 的输入和输出 ICMP 报文，如图 3-13 所示。

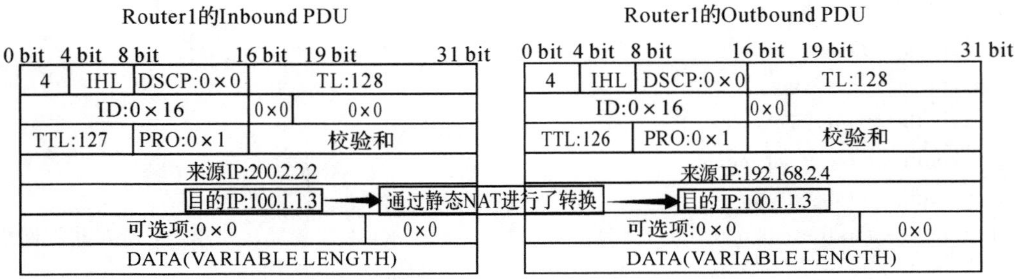

图 3-13　Router1 的输入和输出 ICMP 报文

Router1 的输入 ICMP 报文的目的 IP 地址为 100.1.1.3，Router1 的输出 ICMP 报文的目的 IP 地址已变为 192.168.2.4，在 Router1 内完成了 NAT 的静态地址转换，实现了外部网用户访问内部网服务器的目的。

采用"show ip nat translations"命令查看 NAT 转换信息，如图 3-14 所示。

```
Router#show  ip nat translations
Pro   Inside global      Inside local    Outside local    Outside global
——    100.1.1.1          192.168.2.2     ——               ——
——    100.1.1.2          192.168.2.3     ——               ——
——    100.1.1.3          192.168.2.4     ——               ——
```

图 3-14　静态 NAT 转换信息

3.6.4　NAT 动态转换实例分析

内部网络从 ISP 获得"100.1.1.0/30"地址块，掩码为"255.255.255.248"，地址范围为"100.1.1.0～100.1.1.3"，共 4 个地址，其中可用的地址是"100.1.1.1"和"100.1.1.2"，共 2 个地址。内部网络的主机，本例为 PC2、PC3、PC4(Web-Server)，动态地共享"100.1.1.1"和"100.1.1.2"这 2 个全局 IP 地址。

1. 关键命令说明

Router(config)♯ ip nat pool　地址池名字　起始 IP　结束 IP　netmask　子网掩码
例如，要建立一个地址范围为 100.1.1.0/30 的 IP 地址池，使用命令如下：
Router(config)♯ ip nat pool a1 100.1.1.1 100.1.1.2 netmask 255.255.255.252
//其中 a1 是地址池的名字
Router(config)♯ ip nat inside source list access-list-number pool name
//建立被转换地址和地址池之间的关系
Router(config)♯ access-list access-list-number permit source address
//创建一个访问列表来设定被转换的地址范围

2. 命令行配置过程

Router1 配置如下：

```
Router＞en
Router♯ config t
//路由器接口 s0/3/0 和 fa0/0 按表 3-8，在"configure"菜单中直接配置
Router(config)♯ip nat pool a1 100.1.1.1 100.1.1.6   netmask 255.255.255.248
Router(config)♯access-list 1 permit 192.168.2.0 0.0.0.255
Router(config)♯ip nat inside source list 1 pool a1
Router(config)♯interface s0/3/0
Router(config-if)♯ip nat outside
Router(config-if)♯interface f0/0
Router(config-if)♯ip nat inside
Router(config-if)♯exit
Router(config)♯ip route 0.0.0.0 0.0.0.0 200.1.1.2   //在 R1 上配置默认路由，把所有非本网络的
                                                      请求都发往外网
```

Router2 配置如下：

```
Router＞en
Router＃config t
//路由器接口 s0/3/0 和 fa0/0 按表 3-8 在"configure"菜单中直接配置
Router(config)＃ip route 100.1.1.0 255.255.255.248 200.1.1.1
```

3. NAT 动态转换仿真分析

启动"动态 NAT 分析实例.pkt"，在逻辑工作区参照图 3-11 所示拓扑图做好相应连接和配置，在 Simulation(模拟)模式下，设置"Event List Filters"(事件列表过滤器)，只点选 ICMP，逐次单击"Auto Capture Play"按钮，观察 NAT 地址转换是如何进行的。

依次从 PC2(192.168.2.2)、PC3(192.168.2.3)、PC4(192.168.2.4)分别 ping PC1 (200.2.2.2)，PC2 和 PC3 都 ping 通了 PC1，但 PC4 由于地址池的地址已没有可用地址，没有获得有效的全局 IP 地址，其 ICMP 报文在到达 R1 时被丢弃，所以无法 ping 通 PC1。从 PC2~PC4 发出的 ICMP 报文在到达边界路由器 Router1 时做了相应的地址转换，比较 R1 的输入和输出 ICMP 报文，如图 3-15 至图 3-17 所示。

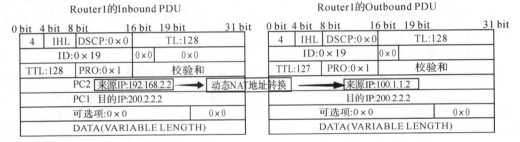

图 3-15　Router1 的输入输出 ICMP 报文(PC2)

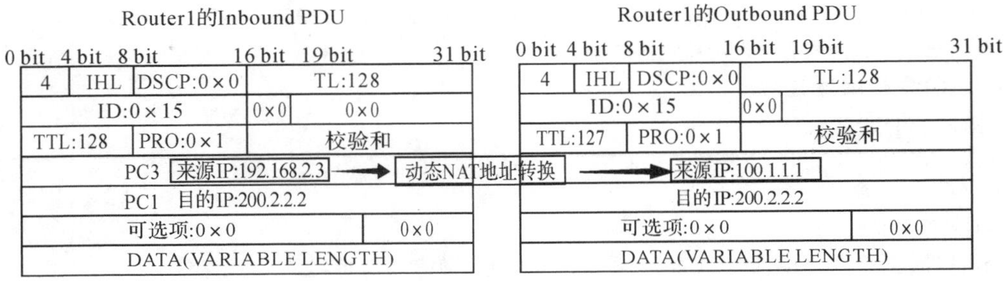

图 3-16　Router1 的输入输出 ICMP 报文(PC3)

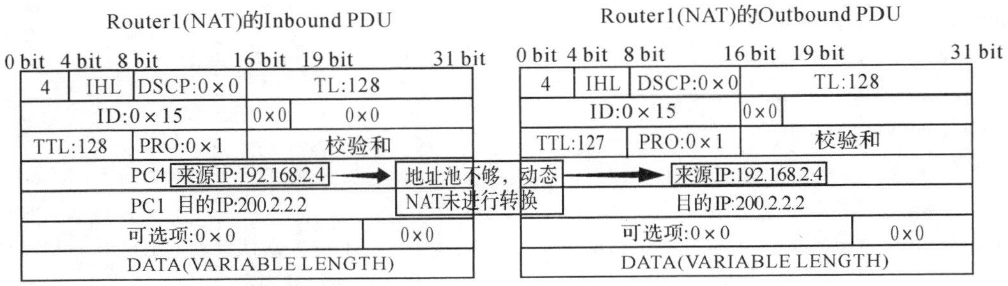

图 3-17　Router1 的输入输出 ICMP 报文(PC4)

　　PC2、PC3 的 ICMP 报文的 IP 首部在 NAT 路由器 Router1 处做了转换，PC2 的 IP 地址"192.168.2.2"转换成"100.1.1.2"，PC3 的 IP 地址"192.168.2.3"转换成"100.1.1.1"，而 PC4 已无可用全局 IP 地址。采用"show ip nat translations"命令查看 NAT 转换信息，如图 3-18 所示。

```
Router#show ip nat tra
Pro    Inside global    Inside local      Outside local     Outside global
icmp   100.1.1.2:25     192.168.2.2:25    200.2.2.2:25      200.2.2.2:25
icmp   100.1.1.1:21     192.168.2.3:21    200.2.2.2:21      200.2.2.2:21
```

图 3-18　NAT 转换信息

　　NAT 地址映射表老化时间（ICMP 协议地址转换有效时间，缺省为 60 s）到达后，内部主机重新开始竞争使用地址池里的全局 IP 地址，此时从 PC4 可 ping 通外部网络。

3.6.5　端口地址转换

　　端口地址转换（PAT）是一种网络技术，用于将一个 IP 地址的一个端口转换为另一个 IP 地址的不同端口，通常用于实现网络地址转换（NAT）。当地址池的全局 IP 地址用完后，额外的主机将无法访问 Internet。PAT 允许多个内部地址映射到同一个全局 IP 地址，这也被称为"多到一"NAT 或地址过载，几百个内部 IP 地址可以使用一个单一的全局 IP 地址访问 Internet。NAT 路由器通过映射 TCP 和 UDP 端口号在转换表中追踪不同的会话。一条映射一个 IP 地址和端口对到另一个 IP 地址和端口对的转换条目被称为一个扩展表项。

　　1. 关键命令说明

　　Router(config)＃access－list 1 permit 192.168.2.0 0.0.0.255

　　//配置一个标准访问控制列表

　　Router(config)＃ip nat inside source list 1 interface Serial0/3/0 overload

　　//启用 PAT

　　私有 IP 地址的来源为 ACL 1，使用 serial0/3/0 上的公共 IP 地址进行转换。overload 表示使用端口号进行转换。

　　2. 命令行配置过程

　　Router0 配置如下：

```
Router＞en
Router＃config t
//路由器接口 s0/3/0 和 f0/0 按表 3-8 在"configure"菜单中直接配置
Router(config)＃access－list 1 permit 192.168.2.0 0.0.0.255
Router(config)＃ip nat inside source list 1 interface Serial0/3/0 overload
Router(config)＃interface s0/3/0
Router(config－if)＃ip nat outside
Router(config－if)＃interface f0/0
Router(config－if)＃ip nat inside
Router(config－if)＃exit
Router(config)＃ip route 0.0.0.0 0.0.0.0 200.1.1.2
//在 R1 上配置默认路由，把所有非本网络的请求都发往外网
```

Router1 配置如下：

```
Router＞en
Router＃config t
//路由器接口 s0/3/0 和 fa0/0 按表 3－8 在"configure"菜单中直接配置
Router(config－if)＃exit
Router(config)＃ip route 100.1.1.0 255.255.255.248 200.1.1.1
```

3. PAT 仿真结果分析

启动"Packet Tracer"，在逻辑工作区参照图 3－11 所示拓扑图做好相应连接和配置，在 Simulation(模拟)模式下，设置"Event List Filters"(事件列表过滤器)，只选择"ICMP"，逐次单击"Auto Capture Play"按钮，观察 NAT 地址转换是如何进行的。

依次从 PC2(192.168.2.2)、PC3(192.168.2.3)、PC4(192.168.2.4)分别 ping PC1(200.2.2.2)，与动态 NAT 不同，此时 3 台主机全部 ping 通了 PC1。

采用"show ip nat translations"命令查看 NAT 转换信息，如图 3－19 所示。

```
Router#show ip nat tra
Pro    Inside global      Inside local     Outside local      Outside global
icmp  200.1.1.1:1        192.168.2.2:1    200.2.2.2:1        200.2.2.2:1
icmp  200.1.1.1:1024     192.168.2.3:1    200.2.2.2:1        200.2.2.2:1024
icmp  200.1.1.1:1025     192.168.2.4:1    200.2.2.2:1        200.2.2.2:1025
```

图 3－19　NAT 转换信息

从图 3－19 所示的转换信息看，内部 3 台主机的内部本地地址"192.168.2.2""192.168.2.3""192.168.2.4"全部转换为全局地址 200.2.2.2，端口号则不同，分别为 1、1024、1025。端口地址转换 PAT 是目前用得较多的地址转换方式。从以上分析可以发现，端口地址转换 PAT 方式可以最大限度地节约 IP 地址资源，对 IPv4 地址紧张问题来说是一个很好的解决方法。

3.7　RIP 路由分析实例

3.7.1　RIP 概述

路由信息协议(Routing Information Protocol，RIP)是应用较早、使用较普遍的内部网关(Interior Gateway Protocol，IGP)，适用于小型同类网络的一个自治系统(AS)内的路由信息的传递。RIP 是基于距离向量算法(Distance-Vector)的协议。

RIP 要求网络中的每一个路由器都要维护一张路由表，记录自己到其他每一个目的网络的距离。每个路由器仅和自己的邻居交换信息(自己的路由表)。RIP 的工作过程如下：

(1) 路由器发送 Request 报文，用来请求邻居路由器的 RIP 路由。

(2) 运行 RIP 的邻居路由器收到该 Request 报文后，会根据自己的路由表，生成 Response 报文进行回复。

(3) 路由器在收到 Response 报文后，会将相应的路由信息添加到自己的路由表中。

　　RIP 通过广播 UDP 报文来交换路由信息，每 30 s 发送一次路由信息更新。RIP 采用
Bellman - Ford 路由算法，用跳数（Hop Count）作为尺度来衡量到达目标地址的最佳（最
短）路由距离，每个路由器通过与自己相邻的路由器交换路由信息，实现在一个小规模自
治系统内部的路由选择。跳数是一个分组到达目的地时所经过的路由器的数目，如果到达
目的地的两个路由器跳数相同，但速率（或者带宽）不同，RIP 也认为两个路由是等距离的。
RIP 最多支持的跳数为 15，即在源和目的网络间所要经过的路由器的数目最多为 15，跳数
16 则表示不可达。RIP 比较适用于简单的校园网和区域网，并不适用于复杂网络的情况。

3.7.2　配置过程

1. 建立 RIP 协议仿真拓扑图

　　配置 RIP 协议仿真拓扑图如图 3 - 20 所示。

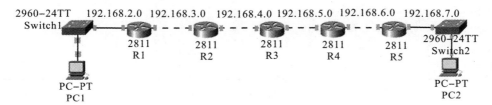

图 3 - 20　RIP 协议仿真拓扑图

　　路由器的端口和 IP 地址配置如表 3 - 9 所示。

表 3 - 9　RIP 协议仿真参数表

路由器	接　口	IP 地址	掩　码
R1	1(fa0/0)	192.168.2.1（网 2）	255.255.255.0
	2(fa0/1)	192.168.3.1（网 3）	255.255.255.0
R2	1(fa0/0)	192.168.3.2（网 3）	255.255.255.0
	2(fa0/1)	192.168.4.1（网 4）	255.255.255.0
R3	1(fa0/0)	192.168.4.2（网 4）	255.255.255.0
	2(fa0/1)	192.168.5.1（网 5）	255.255.255.0
R4	1(fa0/0)	192.168.5.2（网 5）	255.255.255.0
	2(fa0/1)	192.168.6.1（网 6）	255.255.255.0
R5	1(fa0/0)	192.168.6.2（网 6）	255.255.255.0
	2(fa0/1)	192.168.7.1（网 7）	255.255.255.0

2. 关键命令说明

Router(config)♯router rip　//启动一个 RIP 进程

Router(config - router)♯network A.B.C.D //指定参与 RIP 路由的网络

Router♯show ip route［rip］//查看 RIP 的路由条目

Router♯show ip protocols　//查看 router 正在运行的 routing protocols

Router♯debug ip rip　//调试 RIP 的运行

Router♯show ip rip database //查看 RIP 的本地数据库

Router(config - router)♯version[1 | 2] //全局下,控制 RIP 的版本

3. 命令行配置过程

各路由器的 fa0/0 和 fa0/1 接口在逻辑工作区参照图 3 - 20 所示的拓扑图做好相应连接和配置。此外,需要说明的是,此配置需要在 CLI 模式下进行。

R1 配置如下:

```
Router>
Router>en
Router♯ conf t
Router(config)♯router rip
Router(config - router)♯version 2
Router(config - router)♯network 192.168.2.0
Router(config - router)♯network 192.168.3.0
Router(config - router)♯exit
Router(config)♯
```

其他路由器 R2～R5 的配置也参照图 3 - 20 所示的拓扑图,与 R1 配置类似,此处不再赘述。

3.7.3　RIP 实例分析

1. 执行 RIP 后路由表建立过程

参考"RIP 实例. pkt"设置如图 3 - 20 所示的拓扑图,在 Simulation(模拟)模式下,设置"Event List Filters"(事件列表过滤器),只选择"RIP""ICMP",逐次单击"Auto Capture Play"按钮,观察执行 RIP 后路由表的建立过程。

路由器刚启动时,路由器将与之直接连接的网络添加进路由表中,以 R2 为例,先运行 clear ip route ＊,清空路由表,可以看到表项中只有网 3 和网 4 两个网络,如图 3 - 21 所示。

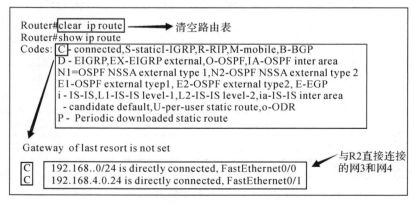

图 3 - 21　R2 启动时路由表

接着,R2 以广播的形式向相邻路由器(R1 和 R3)发送请求报文,请求报文的目的 IP 地址为"224.0.0.9",端口号为 520,报文类型为 1,如图 3 - 22 所示。

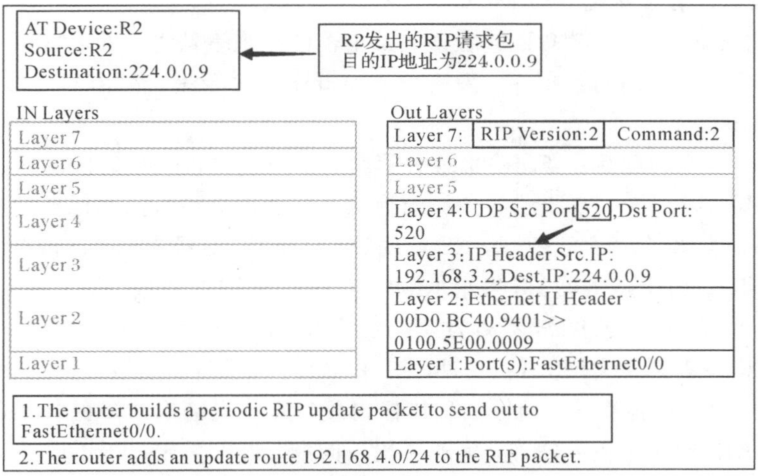

图 3-22　RIP 请求报文

相邻路由器收到 RIP 请求报文后，对其进行响应，并回复包含本地路由表信息的响应报文。R2 在收到其邻居路由器 R1 和 R3 的响应报文后，路由表的条目上加上了网 2 和网 5 两个网络。接着又向其各自相邻的路由器发送信息触发修改报文。在一连串的触发修改广播后，各路由器的路由表都得到修改并保持最新信息，其中“C”表示与路由器直连的网络，“R”表示间接交付。修改后的本地路由表如图 3-23 所示。

```
R   192.168.2.0/24  【120/1】 via  192.168.3.1, 00:00:07, FastEthernet0/0
C   192.168.3.0/24  is directly connected,FastEthernet0/0
C   192.168.4.0/24  is directly connected,FastEthernet0/1
R   192.168.5.0/24  【120/1】 via  192.168.4.2, 00:00:21, FastEthernet0/1
R   192.168.6.0/24  【120/2】 via  192.168.4.2, 00:00:21, FastEthernet0/1
R   192.168.7.0/24  【120/1】 via  192.168.4.2, 00:00:21, FastEthernet0/1
```

图 3-23　R2 更新后的路由表

所有的路由器相互交换 RIP 报文，形成完整的路由表，记录了到达所有网络的路径。从以上 RIP 协议的运行情况可以看出，路由器信息的交换只在相邻路由器之间进行，如 R2 只与 R1、R3 交换路由信息，而且 R2 与其相邻路由器交换的路由信息包括了当前路由器所知道的全部信息。

2. 连通性验证

完成上述配置后，从 PC1(192.168.2.2)对 PC2(192.168.7.2)进行 ping 操作，结果如图 3-24 所示，说明网络连通性正常。

```
Trace complete.
PC>ping 192.168.7.2
Pinging  192.168.7.2 with 32 bytes of data:
|
Reply from 192.168.7.2: bytes=32 time=0ms TTL=123
Reply from 192.168.7.2: bytes=32 time=0ms TTL=123
Reply from 192.168.7.2: bytes=32 time=16ms TTL=123
Reply from 192.168.7.2: bytes=32 time=16ms TTL=123

Ping statigtics for 192.168.7.2:
    Packets:Sent=4,Received=4,Lost=0(0% loss),
APProHimate round trip times in milli-geconds:
    Minimum=0ms,Maximum=16ms,Average=8ms
```

图 3-24　连通性测试

3．路由信息查看及排错

可以采用"show ip route"命令查看某一路由器的路由表信息；采用"show ip database"命令查看某一路由器的路由数据库；采用"debug ip rip"命令进行路由器的诊断和排错。

4．RIP 收敛性

RIP 存在的一个问题是：当网络出现故障时，要经过比较长的时间才能将此信息传送到所有的路由器。以图 3-20 所示的拓扑图为例，假设几个路由器都已经建立了各自的路由表，若将路由器 R2 的 fa0/0 断开，R2 发现后，将到网2、网3的距离改为 16，并将此信息发给路由器 R3。由于路由器 R3 发给 R2 的信息是"到网2经过 R2 距离为2"，于是 R2 将此项目更新为"到网2经过 R3 距离为3"，发给 R3。R3 再发给 R2 信息"到网2经过 R2 距离为4"，这样一直到距离增大到 16 时，R2 和 R3 才知道网2是不可达的。RIP 协议的这一特点叫作：好消息传播得快，而坏消息传播得慢。所以网络出故障的传播往往需要较长的时间，这是 RIP 的一个主要缺点，为解决这一问题，可以采用以下手段：

（1）水平分割：让路由器记录收到某特定路由信息的接口，而不让同一路由信息再通过此接口向反向传送。

（2）毒性逆转：RIP 从某个接口学习到的路由信息，不会从该接口再发回给邻居路由器，这样不但可减少带宽消耗，还可以防止路由加速收敛。

（3）触发更新：RIP 通过触发更新来避免在多个路由器之间形成路由环路，而且还可以加快网络的收敛速度。一旦某条路由的度量值发生了变化，就立刻向邻居路由器发布更新报文，而不是等到更新周期的到来再更新。

下面以触发更新为例讨论这一问题。在 Simulation 状态下，把 R2 的 fa0/0 断开，R2 向邻居发送路由更新信息，如图 3-25 所示。R2 向其邻居报告无法到达"192.168.2.0"和"192.168.3.0"网络，其 Metric＝16(0X10)。

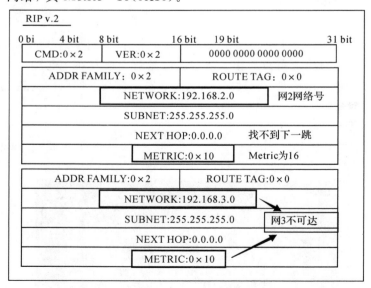

图 3-25　R2 fa0/0 断开后路由信息

此时，用"show ip route"命令查看 R3 的路由表信息，可以发现其路由表在 R2 的路由更新信息到达前后发生如图 3-26 所示的变化。

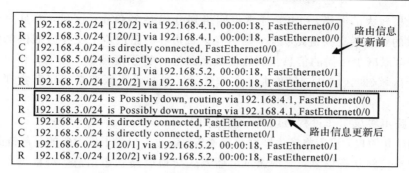

图 3-26　R3 路由更新到达前后的路由表变化情况

　　路由更新信息到达后，R3 更新了自己的路由表，但此时 R4 还不了解 R2 的 fa0/0 已被断开，路由表上指向 192.168.2.0 和 192.168.3.0 网络的路由信息依然没变。

　　在经过几次触发更新的路由信息交换后，最终所有路由器都知道了 R2 的 fa0/0 断开的事实。从中可以看出，采用触发更新在一定程度上使坏消息传播速度加快，但 RIP 协议因其算法特点，收敛速度慢的缺点依然存在。

　　1. RIP 的距离向量算法中，目的网络的跳级数加 1 是发送 RIP 报文的路由器处理的，还是接收 RIP 报文的路由器处理的？

　　2. RIP 应答报文的路由信息中只有目的网络和跳数，那么路由表更新路由记录时的下一跳地址由什么产生？

　　3. RIP 是否有产生环路的可能，如何避免？

3.8　OSPF 路由分析实例

　　本实例的主要目的是：通过仿真，分析研究 OSPF 的工作原理和工作过程。

3.8.1　OSPF 协议概述

　　开放式最短路径优先（Open Shortest Path First，OSPF）协议是一个内部网关协议，用于在单一自治系统内决策路由。OSPF 是基于链路状态的路由协议，链路状态是指路由器接口或链路的参数，这些参数是接口的物理条件，包括接口是 Up 还是 Down、接口的 IP 地址、分配给接口的子网掩码、接口所连的网络以及使用路由器的网络连接的相关代价（Cost）。OSPF 路由器与其他路由器交换信息，但所交换的不是路由，而是链路状态，即这些接口所连的网络和使用这些接口的代价。各个路由器都有其自身的链路状态，称为本地链路状态，这些本地链路状态在 OSPF 路由域内传播，直到所有的 OSPF 路由器都有完整且等同的链路状态数据库为止。一旦每个路由器都接收到所有的链路状态，那么每个路由器都可以构造一棵树，以它自己为根，而分支表示到 AS 中所有网络的最短的或代价最低的路由。

对于规模较大的网络，OSPF 通常将网络划分成多个 OSPF 区域，并且只要求路由器与同一区域的路由器交换链路状态，然后在区域边界的路由器上交换区域内的汇总链路状态，这样就可以减少传播的信息量，且使最短路径计算强度减少。在划分区域时，必须要有一个骨干区域(即区域 0)，其他非 0 或非骨干区域与骨干区域必须要有物理连接或者逻辑连接。

OSPF 路由协议工作过程可以简单描述如下：

(1) 初始化阶段：设备将产生链路状态通告，该通告包含了该设备的全部链路状态信息。

(2) 交换链路状态信息：设备通过组播方式交换链路状态信息，每台设备接收到更新的链路状态报文时，复制一份到本地数据库，然后再传播给其他设备。

(3) 计算路由表：设备应用 Dijkstra 算法计算到所有目标网络的最短路径树。

(4) 路由信息维护：OSPF 只通告变化的链路状态信息，路由器更新链路状态数据库后，运用 Dijkstra 算法生成新的最短路径树。

基于 OSPF 协议的路由表的建立是通过路由器间 OSPF 的 5 种分组类型的交换完成的，5 种分组类型如下：

(1) 问候(Hello)分组：用来发现和维持邻站的可达性。

(2) 数据库描述(Database Dscription，DBD)分组：向邻站给出自己的链路状态数据库中的所有链路状态项目的摘要信息。

(3) 链路状态请求(Link-State Request，LSR)分组：向对方请求发送某些链路状态项目的详细信息。

(4) 链路状态更新(Link-State Update，LSU)分组：用洪泛法对全网更新链路状态。

(5) 链路状态确认(Link-State ACK，LSACK)分组：对链路更新分组的确认，其间路由器共有 Down、Init、2Way、ExStart、ExChange、Loding、Full 等 7 种状态，如图 3 - 27 所示。

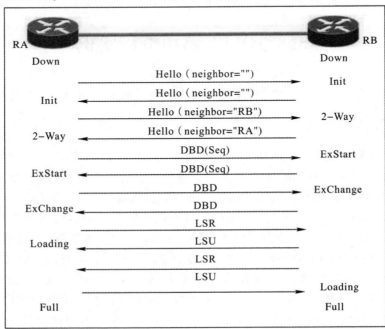

图 3 - 27　路由器建立过程

3.8.2 配置过程

1. 建立 OSPF 协议仿真拓扑图

OSPF 协议仿真拓扑图如图 3-28 所示。

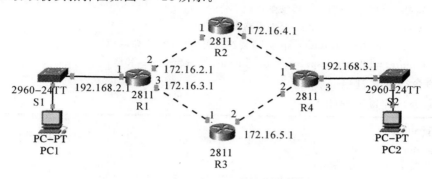

图 3-28 OSPF 协议仿真拓扑图(单区域)

路由器的端口和 IP 地址配置见表 3-10。

表 3-10 单区域 OSPF 协议仿真设置参数

路由器	接 口	IP 地址	子网掩码
R1	Loopback	1.1.1.1	255.255.255.0
	1(fa1/0)	192.168.2.1	255.255.255.0
	2(fa0/0)	172.16.2.1	255.255.255.0
	3(fa0/1)	172.16.3.1	255.255.255.0
R2	Loopback	2.2.2.2	255.255.255.0
	1(fa0/0)	172.16.2.2	255.255.255.0
	2(fa0/1)	172.16.4.1	255.255.255.0
R3	Loopback	3.4.3.3	255.255.255.0
	1(fa0/0)	172.16.3.2	255.255.255.0
	2(fa0/1)	172.16.5.1	255.255.255.0
R4	Loopback	4.4.4.4	255.255.255.0
	1(fa0/0)	172.16.4.2	255.255.255.0
	2(fa0/1)	172.16.5.2	255.255.255.0
	3(fa1/0)	192.168.3.1	255.255.255.0

2. 关键命令说明

Router(config) # router ospf 01

//启动 OSPF 协议,01 是 OSPF 进程号,进程号只在本地有效

Router(config - router) # network 192.168.2.0 0.0.0.255 area 1

//定义参与 OSPF 的子网

Router(config)♯interface loopback 0

//设置环回路口,使用 Loopback 地址作为 Router ID 有 2 个好处:一是 Loopback 接口比任何其他的物理接口都更稳定,因为只要路由器启动,这个环回接口就处于活动状态,只有此 Router 失效时它才会失效;二是配置一个便于记忆的 IP 地址更有利于管理

Router(config)♯Show ip route   //查看路由表

Router(config)♯Show ip route ospf //查看路由表中的 OSPF 路由项

Router(config)♯Show ip ospf neighbors [detail] //显示 OSPF 邻居

3. 命令行配置过程

R1 命令行配置过程如下:

```
Router>enable
Router♯configure terminal
Router(config)♯hostname Router1
Router(config)♯interface loopback 0
Router(config-if)♯ip add1.1.1.1 255.255.255.0
//按表 3-10 配置路由器 R1 接口   fa0/1、fa0/0、Ethernet 0/1
R1(config)♯router ospf   01
R1(config-router)♯ network 192.168.2.0 0.0.0.255 area 1
R1(config-router)♯ network 172.16.2.0 0.0.0.255 area 1
R1(config-router)♯ network 172.16.3.0 0.0.0.255 area 1
R1(config-router)♯ exit
```

R2 命令行配置过程如下:

```
Router>enable
Router♯config terminal
Router(config)♯hostname Router2
Router(config)♯interface loopback 0        //按表 3-10 配置路由器 R2 接口   fa0/1、fa0/0
Router1(config)♯router ospf 11
Router1(config-router)♯network 172.16.2.0 0.0.0.255 area 1
Router1(config-router)♯network 172.16.4.0 0.0.0.255 area 1
Router1(config-router)♯exit
```

其他路由器的配置方法同上。

3.8.3 单区域 OSPF 协议仿真实例

1. OSPF 路由表建立过程

参考"单区域 OSPF 实例.pkt",在逻辑工作区参照图 3-28 所示拓扑图做好相应连接和配置,在 Simulation(模拟)模式下,设置"Event List Filters"(事件列表过滤器),只选择"OSPF",过程中逐次单击"Auto Capture Play"按钮,观察执行 OSPF 后路由表的建立过程。

1) Init 状态

Init 状态表示已经收到了邻居的 Hello 报文,但是该报文中列出的邻居中没有包含我的 Router ID(对方并没有收到用户发的 Hello 报文)。

(1) 进入 R3 的 Config/Interface 的 f0/0 和 f0/1 接口,将 port status 的"on"选择的钩去掉,把 R3 两个端口断开后重新启用,路由器将与之直连的网络添加进路由表中,用"show ip route"查看其路由表项中只有"172.16.3.0"和"172.16.5.0"2 个网络。

(2) 继续单击"Capture/Forward"按钮观察路由信息发送过程,R3 向邻居 R1、R4 发送 Hello 报文,如图 3-29 所示,相应的 R3 也会收到 R1、R4 的 Hello 报文,OSPF 直接用 IP 数据报传送,Hello 报文的 IP 地址用组播地址"224.0.0.5",TTL 为 1 意味着 Hello 报文只发送给自己的邻居。

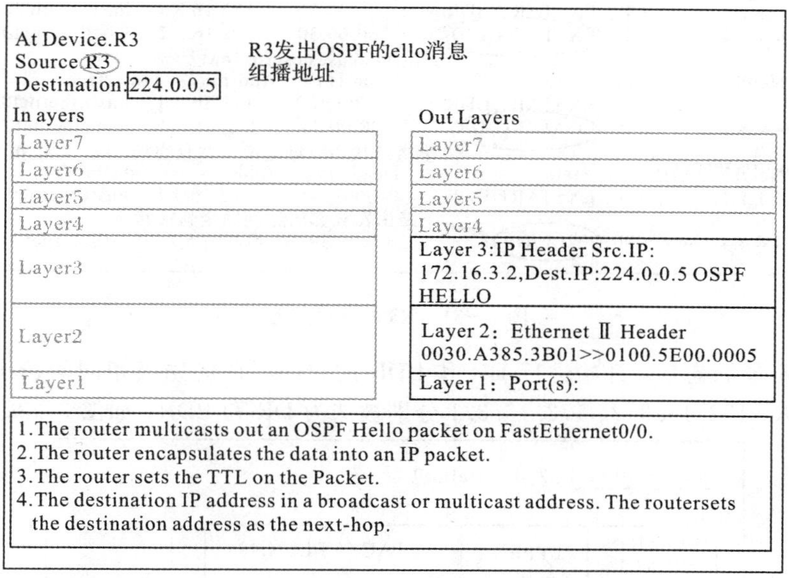

```
At Device.R3
Source:R3                      R3发出OSPF的ello消息
Destination:224.0.0.5          组播地址

In ayers                              Out Layers
Layer7                                Layer7
Layer6                                Layer6
Layer5                                Layer5
Layer4                                Layer4
                                      Layer 3:IP Header Src.IP:
Layer3                                172.16.3.2,Dest.IP:224.0.0.5 OSPF
                                      HELLO

Layer2                                Layer 2: Ethernet Ⅱ Header
                                      0030.A385.3B01>>0100.5E00.0005
Layer1                                Layer 1: Port(s):

1.The router multicasts out an OSPF Hello packet on FastEthernet0/0.
2.The router encapsulates the data into an IP packet.
3.The router sets the TTL on the Packet.
4.The destination IP address in a broadcast or multicast address. The routersets
  the destination address as the next-hop.
```

图 3-29 R3 发出 Hello 消息

此时,用"ip ospf neighbor"命令在路由器 R3 的 CLI 命令行窗口查看,可以观察到 R3 与邻居 R1、R4 进入 Init 状态,如图 3-30 所示。

```
Router#show ip ospf neighbor

Neighbor ID  Pri   State            Dead Time   Address       Interface
1.1.1.1       1    INIT/DROTHER     00:00:40    172.16.3.1    FastEthernet0/0
4.4.4.4       1    INIT/DROTHER     00:00:40    172.16.5.2    FastEthernet0/1
```

图 3-30 R3 的邻居 R1、R4 进入 INIT 状态

2) 2-Way 状态

2-Way 状态表示双方互相收到了对端发送的 Hello 报文,建立了邻居关系。R1、R4 向 R3 发送邻居列表中含有 R3 ID(3.4.3.3)的 Hello 报文,同样可用"Show ip ospf neighbor"命令查看,R3 与邻居 R1、R4 的关系进入"2-Way"状态,如图 3-31 所示。

在一个广播性、多路访问的网络中,如果每个路由器都能独立地完成与其他路由器进行链路状态更新包(Link State Update Packet,LSUP)交换来同步各自的 LSDB,将会导致一个巨大的流量增长。为了防止出现这种现象,同时使路由器保存的链路状态信息最少,OSPF 在这类网络上选举出一个指定路由器(Designated Router,DR)和一个备份指定路由器(Backup Designated Router,BDR),区域内那些既不是 DR,也不是 BDR 的路由器称为 DR Other。

```
Router# show ip ospf neighbor    ←── 显示OSPF状态命令

Neighbor  ID  Pri  State           Dead Time   Address      Interface
1.1.1.1        1   2-WAY/DROTHER   00:00:40   172.16.3.1   FastEthernet0/0
4.4.4.4        1   2-WAY/DROTHER   00:00:40   172.16.5.2   FastEthernet0/1
                    路由器间建立了双向连接
Neighbor  ID  Pri  State           Dead Time   Address      Interface
1.1.1.1        1   EXSTART/BDR     00:00:30   172.16.3.1   FastEthernet0/1
4.4.4.4        1   EXSTART/DR      00:00:30   172.16.5.2   FastEthernet0/1
                    选举出了DR，BDR,建立主从关系
Neighbor  ID  Pri  State           Dead Time   Address      Interface
1.1.1.1        1   EXSTART/BDR     00:00:30   172.16.3.1   FastEthernet0/0
4.4.4.4        1   EXCHANGE/DR     00:00:30   172.16.5.2   FastEthernet0/1
                    交换Database description包
Neighbor  ID  Pri  State           Dead Time   Address      Interface
1.1.1.1        1   EXSTART/BDR     00:00:29   172.16.3.1   FastEthernet0/0
4.4.4.4        1   LOADING/DR      00:00:39   172.16.5.2   FastEthernet0/0
                    发生链路状态信息交换，并且交换LSR、LSA报文
Neighbor  ID  Pri  State           Dead Time   Address      Interface
1.1.1.1        1   EXSTART/BDR     00:00:40   172.16.3.1   FastEthernet0/0
                    ←── 路由器和邻居达到完全临接状态
4.4.4.4        1   FULL/DR         00:00:39   172.16.5.2   FastEthernet0/1
```

图 3 - 31　R3 的各种状态

进入 2-Way 状态后，开始进行 DR 和 BDR 的选举，在优先级相同的情况下，Router
ID 大的为 DR，172.16.3.2、172.16.3.1 分别被选为 DR 和 BDR，如图 3 - 32 所示。

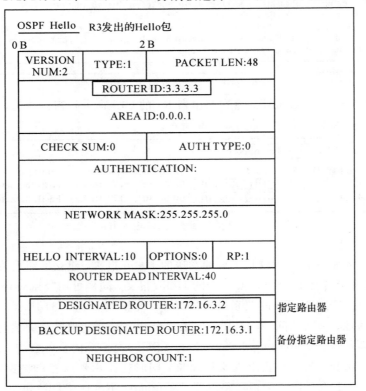

图 3 - 32　R3 中 DR、BDR 选举结果

3) ExStart 状态

ExStart 状态中，路由器和它的邻居之间通过互相交换数据库描述报文来决定发送时的主/从关系。在 DR 选举完成后，路由器间建立 OSPF 邻接关系，进入 ExStart（准启动）状态，如图 3-31 所示。同时选举数据库描述分组（Database Description，DBD）交换主从路由器，由主路由器定义 DBD 序列号，Router ID 大的为主路由器。交换 DBD 信息，如图 3-33 所示。

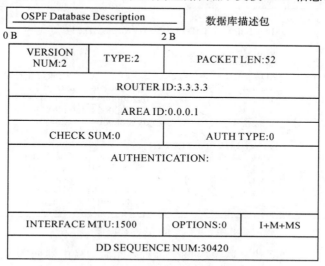

图 3-33　数据库描述 DBD 分组

4) ExChange 状态

主路由器选举完成后，路由器进入 ExChange（交换）状态，在路由器之间交换 DBD 信息，如图 3-31 所示。

5) Loading 状态

DBD 交换完成后，路由器进入 Loading 状态，如图 3-31 所示。

每个路由器都对链路状态数据库和收到的 DBD 的链路状态通告（Link State Advertisement，LSA）头部进行比较，发现自己数据库中没有的 LSA 就发送链路状态请求报文 LSR（Link State Reques），向邻居请求该 LSA，邻居收到 LSR 后，回应链路状态更新报文 LSU（Link State Update），如图 3-34 所示；该路由器收到邻居发来的 LSU 后，存入数据库，并发送 LSAck 确认。

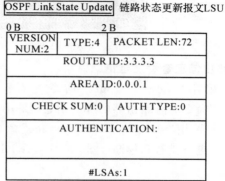

图 3-34　链路状态请求报文 LSR 和链路状态更新报文 LSU

6）Full 状态

LSA 交换完成后，路由器进入 Full 状态，如图 3-31 所示。同步完成后，路由器间建立邻接关系，以后 LSA 的交换用 LSU 报文进行。

此时，所有形成邻居的 OSPF 路由器都拥有相同状态的数据库，图 3-35 所示为 R3 的状态数据库。

```
Router>show ip ospf database
          OSPF Router with ID (3.3.3.3) (Process ID 21)

          Router Link States (Area 1)

Link ID        ADV Router     Age      Seq#         Checksum Link  count
4.4.4.4        4.4.4.4        0        0x80000006   0x00602c  3
1.1.1.1        1.1.1.1        44       0x80000004   0x00bd76  3
3.3.3.3        3.3.3.3        0        0x80000004   0x008fq0  2
2.2.2.2        2.2.2.2        0        0x80000004   0x009794  2

                 Net Link States (Area 1)
Link ID        ADV ROUTER     Age      Seq#         Checksum
172.16.4.2     4.4.4.4        5        0x80000001   0x000e63
172.16.5.2     4.4.4.4        0        0x80000002   0x00b479
172.16.3.2     3.3.3.3        0        0x80000001   0x00a49c
172.16.2.2     2.2.2.2        0        0x80000001   0x00ab9e
```

图 3-35 R3 状态数据库

上面完成了路由器之间建立联系的整个过程，此后，路由器间需要定期发送 Hello 报文来维护邻居关系。当链路状态发生变化时，路由器向所有路由器用洪泛法发送更新信息。

2. 连通性测试

完成上述配置后，从 PC1(192.168.2.2)向 PC2(192.168.3.2)进行 ping 操作，结果如图 3-36 所示，说明网络连通性正常。

```
PC>Ping  192.168.3.2
Pinging   192.168.3.2  with  32  bytes of data:

Reply from 192.168.3.2: bytes=32  time=15ms TTL=125
Reply from 192.168.3.2: bytes=32  time=16ms TTL=125
Reply from 192.168.3.2: bytes=32  time=16ms TTL=125
Reply from 192.168.3.2: bytes=32  time=31ms TTL=125

Ping statistics for 192.168.3.2:
     Packets:Sent=4, Received=4, Lost=0(0&loss),
Approximate round trip times in milli-seconds:
     Minimum=15ms, Maximum=31ms,Average=19ms
```

图 3-36 连通性测试

3. 路由信息查看及排错

可以采用"show ip route"命令查看路由器的路由表信息；采用"show ip ospf neighbour"命令查看路由器的邻居信息；采用"show ip ospf databae"命令查看路由器的数据库信息；采用"show ip ospf interface"命令查看端口配置信息；采用"debug ip ospf event"命令进行排查和诊断。图 3-37 为 R1 fa0/1 端口的 OSPF 配置信息。

```
Router#show ip ospf interface fa0/1
FastEthernet0/1 is up,line protocol is up
  Internet address is 172.16.3.1/24, Area 1
  Process ID 1, Router ID 1.1.1.1,Network Type BROADCAST, Cost:1
  Transmit Delay is 1 sec,State BDR,Priority 1
  Designated Router (ID)　3.3.3.3，Interface address 172.16.3.2
  Backup Designated Router (ID) 1.1.1.1,Interface address 172.16.3.1
  Timer intervals configured, Hello 10,Dead 40,Wait 40, Retransmit 5
     Hello due in  00:00:00
  Index 3/3,flood queue length 0
  Next ox0(0)/0x0(0)
  Last flood scan length is 1, maximum is 1
  Last flood scan time is 0 msec,maximum is 0 msec
  Neighbor Count is 1,Adiacent neighbor count is 1
     Adjacent  with neighbor 3.3.3.3 (Designated Router)
  Suppress hello for o neighbor(s)
```

图 3 - 37　R1 fa0/1 端口 OSPF 配置信息

思 考 题

1. OSPF 单区域内是否存在路由环路？多区域间呢？用什么方法解决？

2. 如何开启和关闭诊断？

3. 路由选择表获取信息的方式有两种：以静态路由表项的方式手工输入和通过动态路由选择协议自动获取。静态路由和动态路由的优先级别哪个高？是绝对的吗？优先级是由什么来决定的呢？

4. OSPF 中，DR 选举有何意义？DR 与其他路由器有何关系？

第4章

传输层及应用层仿真实例

4.1　传输层及应用层协议概述

4.1.1　传输层概述

计算机网络中，两个主机进行通信实际上就是两个主机中的应用进程之间进行通信。应用进程之间的通信又称为端到端的通信。传输层的主要任务是负责向2个主机中进程之间的通信提供服务，其作用如图4-1所示。由于一个主机可同时运行多个进程，因此传输层有复用和分用的功能：复用就是多个应用层进程可同时使用其下传输层的服务；分用则是传输层把收到的信息分别交付给上面应用层中的相应的进程。网络层IP协议的作用范围是提供主机之间的逻辑通信，而传输层的主要功能是为应用进程之间提供端到端的逻辑通信。

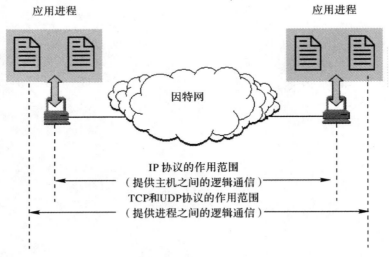

图4-1　传输层作用示意图

此外，传输层还针对不同的进程需求承担着差错控制、流量控制和拥塞控制等任务。

4.1.2　传输层中两个不同的协议

传输层有两种不同的运输协议：用户数据报协议(User Datagram Protocol，UDP)和传输控制协议（Transmission Control Protocol，TCP）。其中 TCP 提供的是面向连接、可靠的字节流服务，即必须事先在双方之间建立一个 TCP 连接，之后才能传输数据。TCP 提供超时重发、丢弃重复数据、检验数据、流量控制等服务，保证数据能从一端传到另一端。而 UDP 则是一个简单的面向数据报的传输层协议，它不提供可靠性服务，只是把应用程序传给 IP 层的数据报发送出去，但并不能保证它们能到达目的地。由于无须建立连接，且没有超时重发等机制，故而传输速度很快。一般来说，TCP 对应的是可靠性要求高的应用，而 UDP 对应的则是可靠性要求低、传输经济的应用。TCP 支持的应用协议主要有 Telnet、FTP、SMTP 等；UDP 支持的应用层协议主要有 NFS（网络文件系统）、SNMP（简单网络管理协议）、DNS（主域名称系统）、TFTP（通用文件传输协议）等。

　　传输层的 UDP 用户数据报与网络层的 IP 数据报有很大区别：IP 数据报要经过互联网中许多路由器的存储转发，而 UDP 用户数据报则是在运输层抽象的端到端逻辑信道中传送的。

　　TCP 报文也是在传输层的端到端逻辑信道中传送的，这种信道是可靠的全双工信道，但我们却不知道这样的信道究竟经过了哪些路由器，并且这些路由器也不知道上面的传输层是否建立了 TCP 连接。TCP 与 UDP 的性能比较如表 4-1 所示。

表 4-1　TCP 与 UDP 的性能比较

性　　能	TCP	UDP
是否连接	面向连接	非连接，无须握手
传输可靠性	可靠，无丢失和重复	不可靠，尽力而为
应用场合	传输大量的数据	传输少量数据
首部开销	20～50 B	8 B
确认机制	是，有序列号，需确认	否，无序列号，无须确认
流量控制	是，动态变化窗口大小	否
使用重传	是	否
数据单位协议	TCP 报文段（Segment）	UDP 报文或用户数据报
首部包含源宿端口	是	是
协议实现	复杂	简单
广播支持	仅支持单播	支持单播、多播和广播

4.1.3　流量控制与拥塞控制

1. 流量控制

　　TCP 为应用程序提供了流量控制（Flow Control）机制，以解决因发送方发送数据太快导致接收方来不及接收，从而造成接收缓存溢出的问题。其主要原理是：接收方根据自己的接收能力（接收缓存的可用空间大小）控制发送方的发送速率。

　　TCP 通过滑动窗口（Sliding Window）机制来实现可靠传输和流量控制。这里的"窗口"是指剩余的缓冲区空间的大小。当 TCP 连接建立后，连接的每一端都会分配一个缓冲区来暂存接收到的数据。每当数据到达接收方时，接收方会发送一个包含确认和窗口通告的响应。如果发送方接收到的是零窗口通告,则会暂停数据发送,直至收到一个非零的窗口通告,再继续发送数据。

2. 拥塞控制

计算机网络中的链路容量(带宽)、交换节点中的缓存和处理机等都是网络资源。在某段时间内,若对网络中某一资源的需求超过了该资源所能提供的可用部分,网络性能会下降,这种现象称为拥塞(Congestion)。为确保网络可靠性,必须进行拥塞控制。其原理是:发送方根据各方面因素,通过特定的拥塞控制算法自行调节数据发送速率。拥塞控制是一个全局性问题,涉及网络中所有的主机、路由器等。

TCP 的拥塞控制主要包括 4 个关键算法:慢开始、拥塞避免、快重传和快恢复。

(1)慢开始:在 TCP 连接建立初期,发送方以慢开始算法探测网络状态。它采用指数增长的方式逐渐增加拥塞窗口(Cwnd)的大小,发送数据包到网络。此过程会持续至达到预设的慢开始阈值(Ssthresh)或发生丢包事件,目的是防止连接初期因突发数据导致网络拥塞。

(2)拥塞避免:当慢开始阶段结束后,若 Cwnd 大于 Ssthresh,则进入拥塞避免阶段。此时,发送方会线性增加 Cwnd 的值,以控制发送至网络的数据包数量,从而减少潜在的网络拥塞。

(3)快重传:快重传是一种用于快速检测和修复丢包的机制。当接收方发现失序的报文段时,会立即发送重复确认给发送方。若发送方连续收到 3 个及以上的重复确认,它会认为相应的报文段已丢失,并立即重传这些报文段,无须等待重传计时器超时。

(4)快恢复:在快重传触发后,发送方会执行快恢复算法。它首先通过"乘法减小"策略将 Ssthresh 减半,但不执行慢开始算法。随后,将 Cwnd 设置为新的 Ssthresh 值,并继续执行拥塞避免算法,以维持网络传输的稳定性。

4.1.4 应用层协议

应用层是 OSI 7 层模型和 TCP/IP 体系中的最高层,在应用层之上不存在其他层次,因此应用层的任务是为上层用户操作的应用程序提供服务。应用层具体规定了应用进程在通信时所遵循的协议。每个应用层协议都是为了解决某一类应用问题而制定的,而问题又往往是通过位于不同主机中的多个应用进程之间的通信和协同工作来解决的。

应用层协议分为对等(P2P)方式和客户机/服务器(Client/Server,C/S)方式。P2P 方式没有固定的服务请求者和服务提供者,分布在网络边缘各端系统中的应用进程是对等的,被称为对等方。对等方相互之间直接通信,每个对等方既是服务的请求者,又是服务的提供者。基于 P2P 的应用是服务分散型的,其应用主要包括 P2P 文件共享、即时通信、P2P 流媒体、分布式存储等。应用层的许多协议都是基于 C/S 方式的,客户机和服务器是指通信中所涉及的两个应用进程。C/S 方式所描述的是进程之间服务和被服务的关系,客户机是服务请求方,服务器是服务提供方。C/S 方式是服务集中型的,其应用包括万维网、电子邮件、文件传输 FTP 等。

应用层协议不仅指定了消息中的数据构建方式、传送的消息类型,还定义了消息对话,以确保正在发送的消息得到期待的响应,并且能够在传输数据时调用正确的服务。常见的应用层协议有:

（1）文件传输协议（File Transmission Protocol，FTP）：用于系统间的文件交互传输。

（2）超文本传输协议（Hyper Text Transfer Protocol，HTTP）：用于传输构成万维网网页的文件。

（3）域名系统（Domain Names System，DNS）：用于将 Internet 域名解析为计算机能够识别的 IP 地址。

（4）动态主机配置协议（Dynamic Host Configuration Protocol，DHCP）：用于集中的管理和分配 IP 地址，使网络环境中的主机动态的获得 IP 地址、Gateway 地址、DNS 服务器地址等信息。

（5）简单邮件传输协议（Simple Mail Transfer Protocol，SMTP）：用于传输邮件及其附件信息。

（6）Telnet 协议：一种终端模拟协议，用于提供对服务器和网络设备的远程访问。

主要的应用层协议如表 4－2 所示。

表 4－2　应用层及对应的传输层协议

应　　用	应用层协议	传输层协议	端口号
域名转换	DNS	UDP	53
文件传送	TFTP	UDP	69
电子邮件	SMTP	TCP	25
远程终端输入	TELNET	TCP	23
万维网	HTTP	TCP	80
文件传送	FTP	TCP	20，21
网络管理	SNMP	UDP	161
IP 地址配置	BOOTP，DHCP	UDP	—
远程文件服务器	NFS	UDP	—
IP 电话	专用协议	UDP	—
流式多媒体通信	专用协议	UDP	—
多播	IGMP	UDP	—
路由选择	RIP	UDP	—

思 考 题

1．什么是流量控制问题？传输层处理流量控制问题的基本机制是什么？

2．拥塞控制和流量控制有什么区别？

3．TCP 和 UDP 有何不同？

4．列出传输层向应用层提供的 3 种服务类型。

4.2　传输层协议及端口观察实例

4.2.1　理论知识

　　网络层将数据报分组送达目的主机,实现了主机间的通信。但是,网络中两台主机相互传输的数据报的真正目的地是运行于主机上的应用进程,这个任务是由传输层来完成的。传输层引入端口的概念,利用不同的端口号来标识不同的应用进程,从而能够将数据分送至不同的应用程序。

　　端口是传输层的应用程序接口,应用层的各个进程都需要通过相应的端口才能与传输实体进行交互。端口是通过端口号来标识的,TCP/IP 的传输层用一个 16 bit 的端口号来标识一个端口,端口号只具有本地意义,它只是为了标识本计算机应用层中的各个进程在和传输层交互时的层间接口。16 bit 的端口号可以允许有 65 535($2^{16}-1$)个不同的端口。

　　端口号通常有以下两种:

　　1. 熟知端口(Well-Known Ports)号

　　熟知端口号,范围为 0~1023,这些端口号一般会固定分配给一些服务,比如 21 端口分配给 FTP(文件传输协议)服务,25 端口分配给 SMTP(简单邮件传输协议)服务,80 端口分配给 HTTP 服务,135 端口分配给 RPC(远程过程调用)服务等。

　　网络服务是可以使用其他端口号的,如果不是默认的端口号则应该在地址栏上指定端口号,方法是在地址后面加上冒号“:”,再加上端口号,比如使用“8080”作为 WWW 服务的端口,则需要在地址栏里输入“:8080”。但是有些系统协议使用固定的端口号,它是不能被改变的,比如 139 端口专门用于 NetBIOS 与 TCP/IP 之间的通信,不能手动改变。

　　2. 动态端口(Dynamic and/or Private Ports)号

　　动态端口号的范围为 1024~65 535,这些端口号一般不会固定分配给某个服务,也就是说许多服务都可以使用这些端口,只要运行的程序向系统提出访问网络的申请,那么系统就可以从这些端口号中分配一个供该程序使用,比如 1024 端口就是分配给第一个向系统发出申请的程序。在关闭程序进程后,进程就会释放所占用的端口号。不过,动态端口也常常被病毒木马程序所利用,如“冰河”病毒默认连接端口是 7626、Way 2.4 默认连接端口是 8011、Netspy 3.0 默认连接端口是 7306、Yai 病毒默认连接端口是 1024 等。

4.2.2　仿真设置

　　1. 传输层进程间通信仿真拓扑图

　　参考“传输层协议仿真实例.pkt”,建立仿真拓扑图如图 4-2 所示。主机 PC1(客户端)向服务器请求 DNS 信息的同时,还使用 Web 浏览器查找网站(Web Server)信息,实现多个进程间的通信。

图 4 - 2 传输层端口观察仿真拓扑图

2. 设备配置参数

1）配置静态 IP 地址

配置 PC1 的静态 IP 地址为 192.168.1.2。

2）配置服务器

（1）设置服务器 IP 地址：从"Config/INTERFACE/Fastethernet0"中设置服务器端口的静态地址为 192.168.1.1。

（2）设置 HTTP 服务器：从"Services/HTTP/"中设置 HTTP 和 HTTPS 为"ON"。

（3）设置 DNS 服务器：从"Config/Service/DNS/"中设置 DNS 服务器，输入 name 为"www. port-example. com"，输入 address 为"192.168.1.1"，然后单击"add"按钮增加 DNS 服务。

4.2.3 实例分析

参考"传输层协议及端口观察实例. pkt"，在逻辑工作区参照图 4 - 2 所示拓扑图做好相应连接和配置，在模拟（Simulation）模式下，设置"Event List Filters"（事件列表过滤器）和"Edit Filders"（编辑过滤器），并确保只选择"DNS""HTTP""UDP"和"TCP"事件。

单击逻辑工作空间中的"PC1"，在"桌面（Desktop）"选项卡中打开"Web 浏览器（Web Browser)"，在 URL 框中键入"www. port - examplecom"，然后单击"转到（Go）"按钮，过程中逐次单击"Auto Capture/Play"按钮，观察传输层不同进程间通信的过程。

TCP 和 UDP 均属于第 4 层协议，虽然有本质上的不同，但都使用端口号来表示。数据段中既包含用于标识客户端向服务器所请求服务的端口号，也包含客户端生成的供服务器向其发送回复的端口号。除端口号之外，TCP 数据中还包含序列号，序列号提供可靠性，可以识别缺少的数据段，并且允许发送方按正常顺序重新组合数据段。

1. 端口观察

1）DNS 端口观察

首先 PC1 作为 DNS 客户，广播一个 DNS 请求报文，服务器接收到此报文后，查询自己的数据库，如果有相应记录，则将 www. port - example. com 转换成相应的 IP 地址，在此应用中，进程的端口号分别为 1025 和 53，如图 4 - 3 所示。

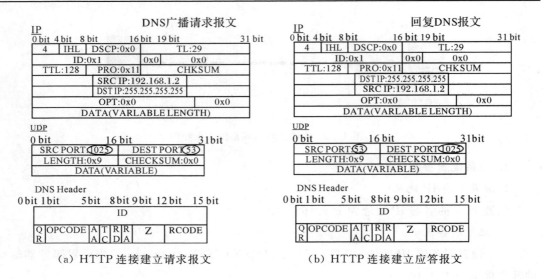

（a）HTTP 连接建立请求报文　　　　　（b）HTTP 连接建立应答报文

图 4-3　DNS 连接建立报文

2）HTTP 服务端口观察

客户端与服务器间需先建立起端到端的通信链路（TCP 连接）：Web Server 在熟知端口号上不断地监听，以便发现是否有客户端向它们发出连接建立请求。PC1 在通过 DNS 获取服务器的 IP 地址后，会作为客户端向服务器发出连接建立请求，如图 4-4 所示。

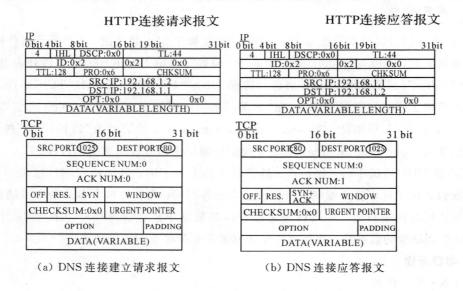

（a）DNS 连接建立请求报文　　　　　（b）DNS 连接应答报文

图 4-4　HTTP 连接建立报文协议

报文中源 IP 地址/目的 IP 地址分别为 192.168.1.2（PC1 的 IP 地址）/192.168.1.1（Web Server 的 IP 地址），通过网络层 IP 地址可以实现主机间的通信，传输层收到网络层交付的报文后将其交给应用层的哪个进程则取决于传输层的端口号。图 4-4（a）中传输层中请求报文的目的端口号为 80，是分配给 HTTP 的熟知端口号，Web Server 从网络层上收到目的端口号为 80 的数据协议单元后，将其交付给 HTTP 服务器进行处理。请求报文中来源端口号为 1025，是由客户端通过动态端口服务分配的临时端口号，服务器在收到请求报文后给予应答。

2. UDP 协议分析

用户数据报协议（User Datagram Protocol，UDP）是传输层的另一重要协议，它是面向无连接的、不可靠的数据报传输协议。UDP 协议仅仅将要发送的数据报传送至网络，并接收从网上传来的数据报，而不与远端的 UDP 模块建立连接。UDP 在 IP 的数据报服务之上只增加了很少的功能，即复用和分用的功能以及差错检测的功能。UDP 协议不属于连接型协议，因而具有资源消耗小，处理速度快的优点，所以通常在传送音频、视频和普通数据时使用 UDP 较多，因为在传输中即使偶尔丢失一两个数据包，也不会对接收结果产生太大影响，比如我们聊天用的 QQ 就是使用的 UDP 协议。使用 UDP 协议的应用层协议还包括 TFTP、SNMP、NFS、DNS、BOOTP 等。

1）UDP 报文格式

通过图 4 - 3 可以分析 UDP 的首部组成，其首部主要包括源端口（2 B）、目的端口（2 B）、长度（2 B）、检验和（2 B）。源端口（Source Port）是通信初始化的端口号，用于标识数据报文返回的地址，没有特定要求时可以全为 0；目的端口（Destination Port）用于确定传输要去的目的地，它标记了接受数据报文时计算机的应用进程的地址接口；封包长度（Length）是指报头和数据的总长度；UDP 的校验和（Check Sum）是可选择的、不一定要有的。

在 DNS 请求中 PC1 作为客户端发送请求报文，系统从动态端口中选择一个端口作为来源端口号，目的端口号为 53（DNS 熟知端口号）。

2）UDP 是无连接的

PC1 将 DNS 请求报文发送到 DNS 服务器，发送数据之前不需要建立连接（当然发送数据结束时也没有连接可释放）。

3）UDP 支持单播和广播

DNS 请求报文经传输层 UDP 封装后交给网络层，网络层的源端 IP 地址、目的端 IP 地址分别为 PC1 的 IP 地址和 DNS 服务器地址。从图 4 - 3 可见，该报文亦可为广播报文。

3. TCP 的分析

1）TCP 报文格式

通过图 4 - 4 可以观察 TCP 报文的格式，各字段意义如表 4 - 3 所示。

表 4 - 3　TCP 头结构含义

TCP 头结构	含　义
TCP 源端口 （Source Port）	TCP 具有 16 bit 的源端口，其中包含初始化通信的端口号。源端口和源 IP 地址的作用是标识报文的返回地址
TCP 目的端口 （Destination Port）	TCP 具有 16 bit 的目的端口域来定义传输的目的地。这个端口指明接收报文的计算机上的应用程序地址接口
序列号 （Sequence Number）	主要是顺序号，用于在产生 TCP 连接时发送给另一端的封包

TCP 头结构	含　义
确认序号 Acknowledge Number)	收到消息的一端回复给初始端的标识信息
头长度 （Header Length）	表示 TCP 首部那两个四字节的字节数
URG	是否使用紧急指针，0 为不使用，1 为使用
ACK	请求/应答状态，0 为请求，1 为应答
PSH	以最快的速度传输数据
RST	连线复位，首先断开连接，然后重建连接
SYN	同步连线序号，用来建立连线
FIN	结束连线，FIN 为 0 是结束连线请求，FIN 为 1 表示结束连线
窗口大小 （Window）	目的机使用此 16 bit 的域告诉源主机，它想收到的每个 TCP 数据段的大小
校验和 （Check Sum）	这个校验和与 IP 的校验和有所不同，不仅对头数据进行校验还对封包内容进行校验
紧急指针 （Urgent Pointer）	当 URG 为 1 的时候才有效，TCP 的紧急方式是发送紧急数据的一种方式

2）TCP 握手过程分析

切换到 Simulation 状态，选择"Edit Filter"，仅选择"TCP"和"HTTP"，单击逻辑工作空间中的"PC1"，在"桌面（Desktop）"选项卡中打开"Web 浏览器（Web Browser）"，在 URL 框中键入"192.168.1.1"（不使用 DNS 协议），然后单击"转到（Go）"按钮，过程中逐次单击"Auto Capture/Play"按钮，单击右侧"Simulation Panel"中的色块，观察传输层不同进程间通信的过程。

单击入站层和出站层的"Layer 4"框，阅读各层 Layer 4 框中的内容和说明。注意 TCP 数据段的类型，单击"Outbound PDU Details"选项卡，在 TCP 数据段中，记下初始序列号。

（1）连接建立过程（3 次握手）：分析 HTTP 前 TCP 事件的 PDU 信息，这些事件显示了建立会话的 3 次握手，具体如下：

① 客户端发送一个带 SYN 标志的 TCP 报文到服务器，这是 3 次握手过程中的报文1，如图 4 - 5（a）所示。

② 服务器端回应客户端的报文，是 3 次握手中的第 2 个报文，如图 4 - 5（b）所示。这

个报文同时带有 ACK 标志和 SYN 标志，因此它表示对刚才客户端发来的 SYN 报文的回应，同时此报文又标志 SYN 给客户端，询问客户端是否准备好进行数据通信。

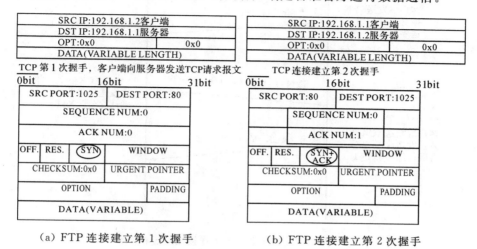

（a）FTP 连接建立第 1 次握手　　　　　（b）FTP 连接建立第 2 次握手

图 4 - 5　FTP 连接建立报文

③ 客户端必须再次回应服务端一个 ACK 报文，这是 3 次握手中的第 3 个报文，如图 4 - 6 所示。

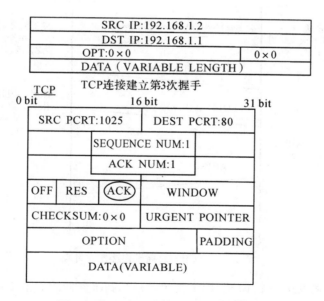

图 4 - 6　FTP 连接建立第 3 次握手报文

3 次握手的具体过程如图 4 - 7 所示。

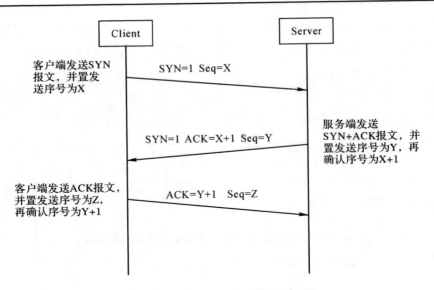

图 4 - 7　TCP 3 次握手连接建立过程

　　(2) 连接终止过程(4 次握手)：对于连接终止过程来说，主要有以下 4 步，如图 4 - 8 所示。

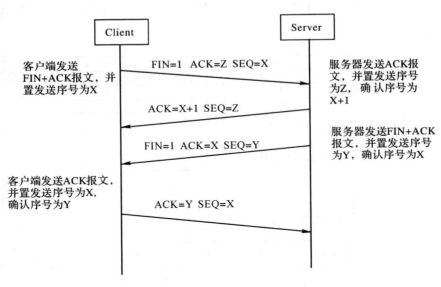

图 4 - 8　TCP 4 次握手连接建立过程

　　① TCP 客户端发送一个 FIN，用来关闭客户端到服务器的数据传送(报文段 4)。
　　② 服务器收到这个 FIN，然后发回一个 ACK，确认序号为收到的序号加 1(报文段 5)，和 SYN 一样，一个 FIN 占用一个序号。
　　③ 服务器关闭客户端的连接，发送一个 FIN 给客户端(报文段 6)。
　　④ 客户端发回 ACK 确认报文，并将确认序号设置为收到的序号加 1(报文段 7)。
　　以相同的方式研究 HTTP 交换之后的 TCP 事件的 PDU 信息，这些事件显示会话的终止。注意 TCP 数据段的类型和序列号的变化。

1. Socket 由哪几部分构成，是否与端口号有关？
2. 不同计算机的相同端口号是否有联系？
3. 为什么建立连接协议是 3 次握手，而关闭连接却是 4 次握手呢？
4. TCP 报文的序列号和确认号各有何作用？
5. 无连接的 UDP 和面向连接的 TCP 各有哪些优缺点？

4.3　域名系统 DNS 仿真实例

4.3.1　理论知识

计算机网络中的主机只能识别二进制，因此在互联网上要想与另一台主机通信，就要记得对方的 IP 地址，而记住每个主机的 IP 地址是相当困难的，所以网络中采用给每个 IP 地址分配一个相对直观且有意义的主机名（域名）的方式。

域名（Domain Name）是由一串用点分隔的名字组成的互联网上某一台计算机或计算机组的名称，用来表示一个单位、机构或个人在 Internet 上的确定的名称或位置。域名是唯一的，域名通常采用分层的结构，如 www. bku. edu. cn，其中的 4 层分别表示主机名、机构名、网络名和最高层域名。

域名系统（Domain Name System，DNS）可将域名解析成 IP 地址，便于人们访问互联网。DNS 协议采用客户机/服务器的工作方式，客户端向 DNS 服务器发送请求报文，DNS 服务器接收请求报文，然后通过主机名来查询相应的 IP 地址并回复给客户端查询结果。由于 DNS 采用的是分布式系统，所以即使出现了单点故障，也不会影响整个 DNS 系统的运行。

域名和 IP 地址的映射关系必须保存在域名服务器中，供其他应用查询。DNS 使用分布在各地的域名服务器来实现域名到 IP 地址的转换。域名服务器分为以下 4 类：

（1）根域名服务器：它是最高层次的域名服务器，每个根域名服务器都知道所有顶级域名服务器的域名及其 IP 地址。

（2）顶级域名服务器：负责管理在该顶级域名服务器注册的所有二级域名。

（3）权限域名服务器：负责管理某个区的域名。每一个主机的域名都必须在某个权限域名服务器处注册登记。

（4）本地域名服务器：当一个主机发出 DNS 请求报文时，这个报文就首先被送往该主机的本地域名服务器。本地域名服务器起着代理的作用，会将该报文转发到更高等级的域名服务器中。

在因特网中，由许多域名服务器共同完成的 DNS 查询方式，通常有如下两种方式：

（1）递归方式：只要是递归查询，服务器就必须回答 IP 地址与域名的映射关系，即客户端向 DNS 服务器发出查询请求，假如 DNS 服务器自身不包含该映射关系，则它会代替客户端向更高层次的 DNS 服务器发出请求，得到最终结果再发回给客户端。

（2）迭代方式：DNS 服务器收到迭代查询请求并回复结果，这个结果不一定是所求的目的 IP 地址与域名的映射关系，即客户端向 DNS 服务器发出查询请求，假如 DNS 服务器自身不包含该映射关系，则它会告诉客户端可以查询到该映射关系的其他 DNS 服务器的 IP 地址。

DSN 工作过程如图 4-9 所示。

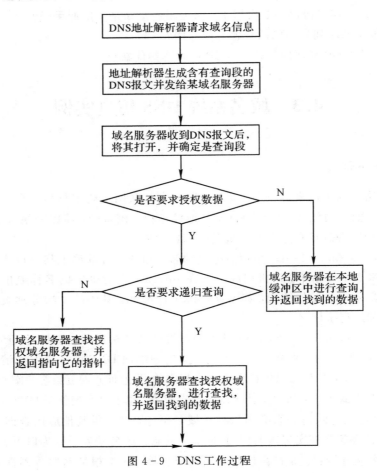

图 4-9　DNS 工作过程

4.3.2　仿真设置

建立如图 4-10 所示的网络拓扑(可参考文件"DNS 仿真实例.pkt")。

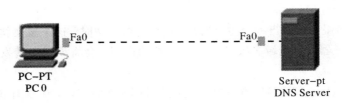

图 4-10　DNS 点到点拓扑

首先，双击"PC0"图标，在 Config 中配置主机 PC0 的 IP 地址为"172.16.0.1"。

其次，配置 DNS 服务器的快速以太网口 IP 地址为"172.16.0.2"，子网掩码为"255.255.255.0"，且在 Config/DNS 中手动添加域名为"www.baidu.com"和相应的 IP 地址为"172.16.0.30"，然后单击"add"按钮添加表项，如图 4-11 所示。

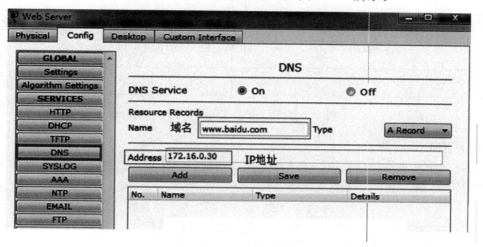

图 4-11　DNS 的设置

4.3.3　DNS 实例分析

1. 查看 DNS 查询和应答分组

在 Simulation Panel 中设置过滤规则为，只允许捕获"TCP""UDP"和"DNS"数据包，然后通过在主机"PC0"的"Config/Web"浏览器中输入"www.baidu.com"，单击"go"进行访问，接着单击"Auto Capture/Play"按钮，在 Event List 中显示 DNS 的工作过程，如图4-12 所示。

Vis.	Time(sec)	Last Device	At Device	Type	Info
	0.001	PC0	DNS Server	DNS	◀— PC0向DSN服务器发出DNS请求
	0.002	--	PC0	TCP	
	0.002	--	PC0	TCP	
	0.002	DNS Server	PC0	DNS	◀— DNS服务器向PC0回复DNS请求
	0.305	--	PC0	TCP	

图 4-12　DNS 工作过程

从图 4-12 中查看每个数据包，发现 DNS 工作过程分为 2 个阶段：第 1 阶段是主机向 DNS 服务器发送请求报文，第 2 阶段是 DNS 服务器通过主机名来查询相应的 IP 地址并回复主机查询结果。判断每个阶段的重要依据是 DNS 的报文格式，图 4-13 显示了 DNS 工作过程中请求报文和回复查询报文的格式。

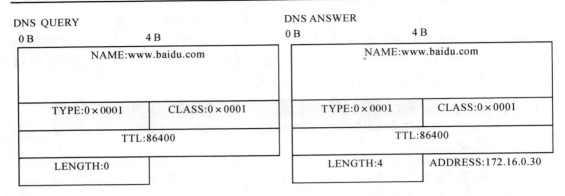

图 4 - 13　DNS 的 query 和 response 报文详细内容

2. 观察 DNS 分组

DNS 的请求查询报文和应答报文都采用了相同的报文格式,分成 5 段(有的报文段在不同情况下可能为空),如图 4 - 14 所示。

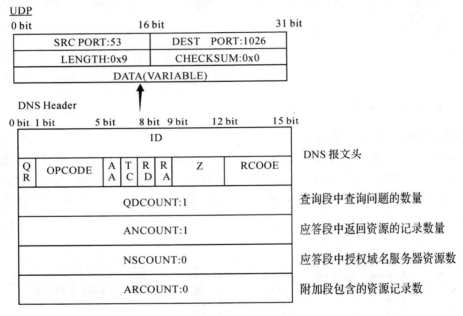

图 4 - 14　UDP 详细内容

Header 段是必须存在的,它定义了该报文是请求查询报文还是应答报文,同时也定义了是否需要其他段,以及是标准查询还是其他查询;Question 段描述了查询的问题,包括查询域名(NAME)、查询类型(TYPE)、查询类(CLASS)以及查询时间(TTL);Answer 段包含了问题的答案;剩下两段报文具有统一的格式,但正常情况下不会出现这两段报文。

在工作时,主机先查询本地 host 文件和本地 DNS 解析器中是否有网址映射关系,如果没有的话,会先找在 TCP/IP 参数中设置的首选 DNS 服务器,并向它发出 DNS 查询请求,如果请求查询的 DNS 服务器已经缓存了此网址的映射关系,则 DNS 服务器调用这个 IP 地址映射,完成域名解析,并将查询结果回复给主机。

1. 客户端到本地 DNS 服务器是属于什么方式的查询？而 DNS 服务器之间呢？
2. DNS 缓存有何作用？
3. 访问一个域名时无法打开网页，而直接输入网站 IP 却可以正常访问，此时故障主要是由什么造成的？
4. 在 Windows 中，host、nslookup、whois 命令与 DNS 相关，各有何作用？

4.4　FTP 仿真实例

4.4.1　理论知识

文件传输协议（FTP）是因特网上使用的最广泛的文件传送协议，用于在因特网上控制文件的双向传输。FTP 提供交互式的访问，允许客户指明文件的类型与格式，并允许文件具有存取权限。FTP 屏蔽了各计算机系统的细节，减少或消除了在不同操作系统下处理文件的不兼容性，因而适合于在异构网络中的任意计算机之间传送文件。

FTP 使用客户/服务器方式，一个 FTP 服务器进程可同时为多个客户进程提供服务。FTP 的服务器进程由 2 大部分组成：一个主进程，负责接受新的请求；另外有若干个从属进程，负责处理单个请求。

用户可以通过主机的一个支持 FTP 的客户端程序，连接到远程主机的一个支持 FTP 协议的服务器程序。用户通过 FTP 客户机程序向 FTP 服务器程序发出命令，要求服务器向用户传送一个文件的拷贝，服务器响应这条命令，将文件发往客户端，客户端接收文件并将文件放到用户目录中，这就是"下载"。FTP 客户端也可以将文件拷贝发送到远程主机服务器程序上，这就是"上传"。

FTP 支持两种工作模式：主动模式和被动模式。

主动模式是 FTP 客户端首先跟 FTP 服务器中的 TCP 21 端口建立连接，从而建立一条虚拟通道发送命令，之后 FTP 客户端发送 PORT 命令就可以在这条通道上告知服务器要接收数据，同时 PORT 命令也会告诉 FTP 服务器，此时客户端所使用的用来接收数据的端口号是多少。在传送数据时，FTP 服务器需要和客户端建立一个新的连接，也就是用 TCP 的 20 端口来连接客户端的指定端口。主动模式要求客户端和服务器同时打开并且监听一个端口来建立连接，这种情况下，客户端由于安装了防火墙会产生一些问题，所以之后又创建了被动模式。

被动模式在创建控制通道时和主动模式有些类似，但建立连接后发送的不是 PORT 命令，而是 PASV 命令。客户端向服务器的 FTP 端口（默认是 21）发送连接请求，服务器接受连接，建立一条命令链路。当需要传送数据时，客户端会向 FTP 服务器的空闲端口发送连接请求（此时 FTP 服务器会收到 PASV 命令），服务器接收请求，此时客户端就连接到了 FTP 服务器的这个端口，从而建立了一条数据链路。与主动模式不同的是，被动模式只要求 FTP 服务器端产生一个监听相应端口的进程，这样就可以绕过客户端安装了防火墙的问题。FTP 通信示意图如图 4 - 15 所示。

（1）FTP COMMANDS/FTP REPLIES 是控制连接通道，它是用户和服务器之间的通信路径之一，用于交换命令和响应信息，采用 TELNET 协议规则。

（2）DATA CONNECTION 是数据连接通道，它采用全双工工作模式，以特定的模式和类型传输数据，传输的内容可以是一个文件的一部分、一个完整的文件或多个文件。

（3）DATA TRANSFER PROCESS 用于建立、管理数据连接，可以是主动的，也可以是被动的。

（4）SERVER DTP 是服务器数据传输进程，通常处于"主动"状态，用于侦听数据端口建立连接，并进行相应处理。

（5）SERVER PI 是服务器-协议解释器，它侦听来自客户端的连接信息并建立控制通信连接，同时它接收来自用户的标准的 FTP 命令，发送响应信息，并管理 SERVER DTP。

（6）USER DTP 用于用户数据传输处理，在数据端口上侦听来自服务器进程的连接信息。

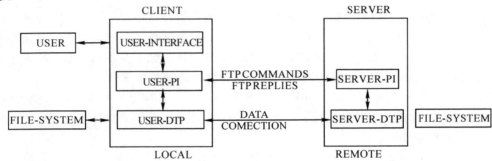

图 4 - 15　FTP 文件传输系统模型

4.4.2　仿真设置

建立如图 4 - 16 所示的网络拓扑（可参考"FTP 仿真实例.pkt"），分析 FTP 的工作原理。

图 4 - 16　FTP 点到点仿真拓扑

（1）配置 PC0：配置主机 IP 地址为"172.16.0.1"，子网掩码为"255.255.255.0"。

（2）配置 FTP 服务器：配置快速以太网口 IP 地址为"172.16.0.30"、子网掩码为"255.255.255.0"，并且关闭 DHCP、HTTP 和 DNS 功能。

（3）在 FTP 服务器的"Config/FTP"中，增加用户名 user1 和密码，观察服务器中存储的文件，如图 4 - 17 所示。

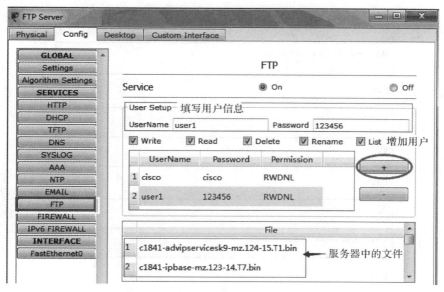

图 4 - 17 FTP 用户配置

4.4.3 FTP 实例分析

1. PC 机登录 FTP 服务器

在 Simulation Panel 中设置过滤规则为只允许捕获"TCP"和"FTP"数据包，在"PC0"的"Desktop/Command Prompt"中可以用"dir"命令观察 PC0 中的文件情况，输入命令"FTP 172.16.0.30"建立 FTP 连接，然后输入用户名和密码，直到 FTP 连接成功，如图 4 - 18 所示。

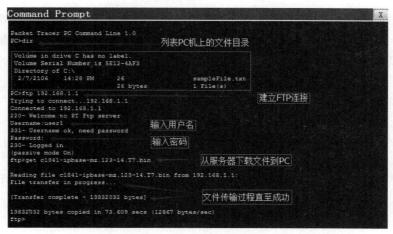

图 4 - 18 FTP 工作界面

2. 观察 FTP 工作过程

完成上一步工作后单击"Auto Capture/Play"按钮，在 Event List 中显示 FTP 的工作过程，可以通过观察 FTP 的 PDU 报文来观察 FTP 的工作过程，如图 4 - 19 所示。

FTP

| 220 |
| Welcome to PT FTP Server |

FTP

| USER |
| cisco |

FTP

| 331 |
| Username ok,need password |

FTP

| PASS |
| cisco |

FTP

| 230 |
| Logged in |

图 4-19　FTP 认证过程

(1) FTP Server 作为 FTP 服务器向 PC0 发送一个"欢迎报文(Welcome Message)"。

(2) PC0 收到 FTP Server 发过来的"Welcome Message"后向服务器发送"用户名(Username)"。

(3) FTP Server 收到 PC0 发送的"Username"信息后回发一个响应报文，告知 PC0 用户名合法并需要登录密码(Password)。

(4) PC0 收到 FTP Server 发过来的响应报文后向 FTP Server 发送"Password"。

(5) FTP Server 收到 PC0 发送的 password 信息后回发一个响应报文，告知 PC0 密码合法并已登录成功。

(6) PC0 收到 FTP Server 发过来的响应报文后，就可以正常访问 FTP 服务器上的资源了。

注意观察并分析 FTP 登录过程中各类报文的内容及含义。

完成后单击"重置模拟(Reset Simulation)"按钮，将原有的事件全部清空，同时关闭 PC0 的配置窗口。

3. 观察文件上传和下载

登陆 FTP 服务器之后，就可以进行文件传输(上传文件或下载文件)，这里通过主机上的命令提示符进行文件的下载。

如图 4-18 所示，输入"get"命令，将文件从服务器下载至 PC0，输入"exit"命令，回到 PC0 的状态，用"dir"可以观察到文件是否下载成功。

PC0 端可以用"quit"命令退出服务器的状态，此时用"dir"命令可以观察到"c1841-ipbase-mz. 123-14. T7. bin"已成功下载到 PC0 端。

此外，可以用"put"命令实现将文件上传到服务器端，同样可以用"FTP 192.168.1.1"进入服务器状态，并用"dir"命令进行查看。

思 考 题

1．FTP 实现文件"上传"和"下载"，主要过程是什么？
2．FTP 服务为什么会用到 20 和 21 两个端口？
3．为什么多个文件 FTP 打包上传会加快传输速度？

4.5　DHCP 仿真实例

4.5.1　理论知识

动态主机配置协议（Dynamic Host Configuration Protocol，DHCP）是一个局域网的网络协议，使用 UDP 协议工作，它是一个专门用于为 TCP/IP 网络中的主机自动分配 TCP/IP 参数的协议。DHCP 主要运用于校园网、企业、运营商等一些大型的局域网环境，其主要作用是给内部网络自动分配 IP 地址，帮助网络管理员对网络进行集中式的管理。

DHCP 协议也采用客户端服务器方式，只有当 DHCP 服务器收到网络中主机申请 IP 地址的请求时，该 DHCP 服务器才会去属于它的 IP 地址池中查找并分配给主机相应的 IP 地址配置信息，从而实现网络中主机的 IP 地址动态配置的目的。

DHCP 的客户机无须手动输入任何数据，从而避免了手动输入值而引起的配置错误，同时 DHCP 可以防止新计算机重用以前指派的 IP 地址，避免了冲突问题。

DHCP 分配 IP 地址有 3 种机制：

（1）手动分配：网络管理员通过 DHCP 服务器手动分配 IP 地址给网络中的主机。

（2）自动分配：自动分配不需要网络管理员进行配置，DHCP 服务器为网络中的主机都指定了 IP 地址，当主机获得该 IP 地址之后，便可以永久性地使用该 IP 地址。

（3）动态分配：网络管理员在 DHCP 服务器的 IP 地址池中添加 IP 地址，当网络中有主机来申请 IP 地址时，DHCP 服务器从 IP 地址池中分配一个 IP 地址给主机，但这个 IP 地址是有租期的，当租期一到，或者主机没有续约租期，DHCP 服务器便会收回这个 IP 地址，分配给其他申请 IP 地址的主机使用。

4.5.2　仿真设置

1．网络设置

参考"DHCP_1.pkt"文件，建立如图 4-20 所示的拓扑图，PC1、PC2、PC3 连接到交换机 S1 上，然后交换机 S1 与路由器 R1 相连。

　　IP 网段地址为"10.1.1.0"，网关地址为"10.1.1.1"，该网关地址就是路由器 R1 的接口 f0/0 的地址。通过手动方式设置部门 1 和部门 2 的终端电脑的网络地址，信息可以通过 DHCP 服务器自动获得。

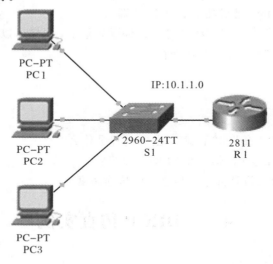

图 4 - 20　DHCP 仿真拓扑图

2. DHCP 的配置

　　进入路由器的 CLI 状态，按下列命令进行配置。

```
Router＞en      //进入特权模式
Router#conf t    //进入全局配置模式
Router(config)#hostname R1      //为路由器命名
R1(config)#interface fastEthernet 0/0      //进入路由器接口 f0/0
    R1(config-if)#ip address10.1.1.1  255.255.255.0    //为路由器接口 f0/0 配置 IP 地址
R1(config-if)#no shu     //激活接口 f0/0
R1(config-if)#exit    //退出
R1(config)#ip dhcp excluded-address 10.1.1.1
//设置排除地址 10.1.1.1，因为该地址已经被分配给路由器接口 f0/0
R1(config)#ip dhcppool xinxi      //定义 DHCP 地址池名称为 xinxi
R1(dhcp-config)#default-router 10.1.1.1    //设置默认网关地址
R1(dhcp-config)#dns-server10.1.1.254    //设置 DNS 服务器地址
R1(dhcp-config)#network  10.1.1.0 255.255.255.0    //设置可分配的网络地址范围
```

4.5.3　实例分析

1. 观察 DHCP 的结果

　　通过以上的配置，R1 路由器就具有了 DHCP 服务器的功能，可以分配 IP 地址。

　　(1) 单击需要获得 IP 地址的终端计算机，如 PC1，在弹出的窗口中选择"Desktop"。

　　(2) 在"Desktop"窗口中有两个选项分别为"DHCP"和"Static"，选择"DHCP"，当出现

"DHCP re-quest successful"的信息时说明已成功获得 IP 地址。

结果如图 4-21 所示。

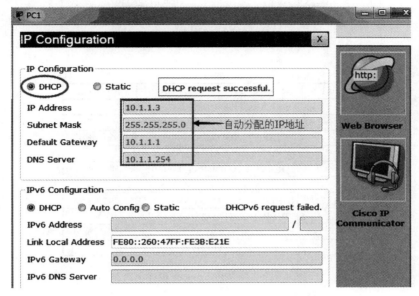

图 4-21　通过 DHCP 协议自动分配 IP 地址

同理，网段内的 PC2 和 PC3 同 PC1 一样，也可以得到自动分配的 IP 地址。

2. 分析 DHCP 的工作过程

参考"DHCP_2.pkt"，建立如图 4-16 所示拓扑图，PC0 不设 IP 地址，服务器按 4.5.2 小节的方法进行配置。

（1）配置 DHCP 服务器：配置快速以太网口 IP 地址为 172.16.0.10、子网掩码为 255.255.0.0，DHCP 地址池从 172.16.0.0 开始分配地址，并且关闭 HTTP 和 DNS 功能。

（2）配置主机 PC0 IP 地址为从 DHCP 服务器获取的地址。

（3）在 Simulation Panel 中设置过滤规则为，只允许捕获 UDP 和 DHCP 数据包，然后单击"Auto Capture/Play"按钮，在 Event List 中显示 DHCP 的工作过程。

单击色块查看每个数据包，可观察到 DHCP 工作过程分为 4 个阶段：第 1 阶段是寻找 DHCP 服务器阶段；第 2 阶段是分配 IP 地址阶段；第 3 阶段是接收 IP 地址阶段；第 4 阶段是 IP 地址的分配确认阶段。判断每个阶段的重要依据是 UDP 报头中的端口号和 DHCP 报头中的 op 字段，图 4-22~图 4-25 显示了 DHCP 工作过程中源端口号、目的端口号以及 op 字段的变化。

DHCP 具体的过程为：

（1）寻找 DHCP 服务器。

当 DHCP 客户端第一次登录网络的时候，计算机发现本机上没有任何 IP 地址的设定，该计算机将以广播方式发送 DHCP discover 发现信息来寻找 DHCP 服务器，即 DHCP discover 包的源地址为 0.0.0.0，目的地址为 255.255.255.255。网络上每一台安装了 TCP/IP 协议的主机都会接收到这个广播信息，但只有 DHCP 服务器才会做出响应。DHCP discover 包如图 4-22 所示。

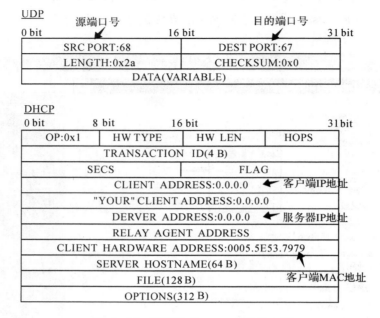

图 4-22　DHCP discover 包详细内容

（2）分配 IP 地址。

在网络中接收到 DHCP discover 发现信息的 DHCP 服务器都会做出响应，它们从尚未分配的 IP 地址中挑选一个，然后向 DHCP 客户机发送一个包含分配的 IP 地址和其他设置的 DHCP offer 包，如图 4-23 所示。

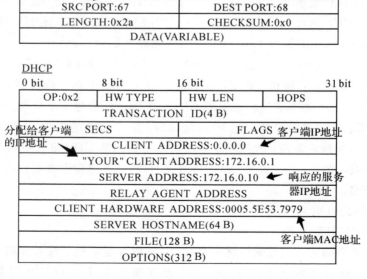

图 4-23　DHCP offer 包详细内容

（3）接受 IP 地址。

DHCP 客户端接受到 DHCP offer 的提供信息之后，选择第一个接收到的提供信息，然后以广播的方式回答一个 DHCP request 请求信息,该信息包含向它所选定的 DHCP 服务器请求 IP 地址的内容,如图 4-24 所示。

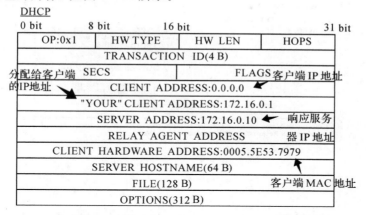

图 4-24　DHCP request 包详细内容

(4) IP 地址的分配确认。

当 DHCP 服务器收到 DHCP 客户端回答的 DHCP request 请求信息之后,便向 DHCP 客户端发送一个包含它所提供的 IP 地址和其他设置的 DHCP ack 确认信息,告诉 DHCP 客户端可以使用它提供的 IP 地址。然后,DHCP 客户端便将其 TCP/IP 协议与网卡绑定。另外,除了被 DHCP 客户端选中的服务器外,其他的 DHCP 服务器将收回曾经提供的 IP 地址。DHCP ack 确认信息如图 4-25 所示。

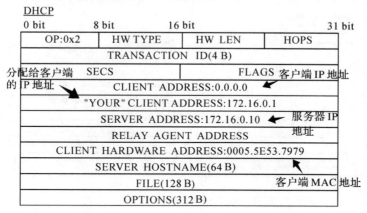

图 4-25　DHCP ack 包详细内容

3. 分析 DHCP 的租期

(1) DHCP 服务器向 DHCP 客户端所提供的 IP 地址一般都有租期限制,可以在配置中通过"lease"命令来设置租期。当租期到达之后,DHCP 服务器会收回该 IP 地址,如果 DHCP 客户端想要继续使用该 IP 地址,就必须向 DHCP 服务器续约该 IP 地址的租期。当 IP 地址的租约期限过一半时,DHCP 客户端都会向 DHCP 服务器发送 DHCP Renew 报文来请求更新其 IP 地址的租期。DHCP Renew 报文如图 4-26 所示。

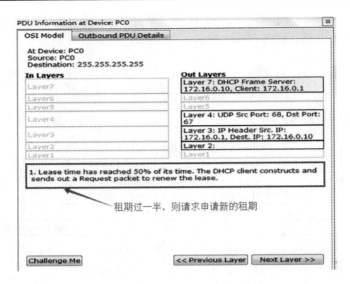

图 4 - 26　客户端向服务器发送 DHCP Renew 报文

续约租期分为 2 个阶段：第 1 阶段是客户端向服务器发送 DHCP Renew 报文；第 2 阶段是服务器回复 DHCP ack 报文。

（2）如果 DHCP 服务器没有响应之前的请求报文，则在租期过了 87.5% 时，DHCP 客户端会重新发送请求报文，要求重新绑定租约。请求报文如图 4 - 27 所示。

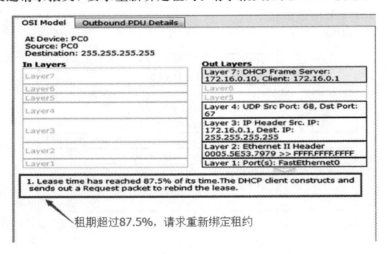

图 4 - 27　客户端重新绑定租约

（3）当用户不再需要使用分配的 IP 地址时，就会主动向 DHCP 服务器发送 Release 报文，告知服务器，此时 DHCP 服务器会释放被绑定的租约。

1. DHCP 工作过程主要分为几个阶段？

2. 什么是 DHCP 中继，主要作用是什么？不同网段的主机如何利用 DHCP 获取 IP 地址？

3. 网络中某台主机如果无法自动获得 IP 地址，则主要是由什么造成的？

4. 使用 ipconfig/all 命令，可以看到关于 DHCP 的哪些信息？

4.6　HTTP 仿真实例

4.6.1　理论知识

在一个网络中，传输数据需要面临 3 个问题：一是客户端如何知道所求内容的位置；二是当客户端知道所求内容的位置后，如何获取所求内容；三是所求内容以何种形式组织以便被客户端识别。

对于 Web 来说，回答上面 3 个问题要采用 3 种不同的技术，分别为统一资源定位符（Uniform Resourte Locator，URL）、超文本传输协议（HyperText Transfer Protocal，HTTP）和超文本标记语言（HyperText Markup Language，HTML）。

1. 超文本传输协议

超文本传输协议是一种通信协议，最简单的例子就是主机浏览器与网页服务器之间的交互，此外，QQ、迅雷这些应用也使用 HTTP。设计 HTTP 最初的目的是想要让超文本标记语言（HTML）文档能够在 Web 服务器和客户端中顺利的发送与接收。HTTP 定义了客户端浏览器如何向 Web 服务器请求文档，以及服务器如何将文档传送给客户端浏览器，因此 HTTP 能够使浏览器更加高效，减少网络传输量。

HTTP 基于请求/响应机制，是一个标准的客户端服务器模型，服务器和客户端的交互仅限于请求/响应过程。首先由客户端建立一条与服务器的 TCP 连接，并发送一个请求到服务器，请求中包含请求方法、URI、协议版本以及相关的 MIME 样式的消息，然后服务器响应一个状态行，状态行包含消息的协议版本、一个成功或失败码以及相关的 MIME 样式的消息。HTTP/1.0 为每一次 HTTP 的请求/响应建立一条新的 TCP 链接，因此一个包含 HTML 内容和图片的页面将需要建立多次的短期的 TCP 链接，而一次 TCP 链接的建立就需要 3 次握手。HTTP/2.0 引入了多路复用技术，允许在一个 TCP 上并发（发送多个请求和响应），无须建立多次连接，提高了效率。

HTTP 又是一个无状态协议，同一个客户端的本次请求和上次请求是没有对应关系的。本次请求结束之后连接便断开，下一次请求服务器会认为是新的客户端。

一个客户机与服务器建立连接之后，它们之间的消息分为 2 种，分别是请求报文和响应报文。请求报文格式包括统一资源定位符（URL）、HTTP 的版本、请求修饰符、客户信息等；响应报文包括 HTTP 版本号、一个成功或错误的代码、服务器信息等。

用户实现 HTTP 客户端与服务器之间交互的方法有 2 种：一种方法是在浏览器的地址窗口输入所要访问的网页的 URL；另一种方法是在正在访问的网页单击所要了解的链接，这时浏览器会自动跳转到所要访问的新的链接网页。

2. 超文本标记语言 HTML

HTML 中的 Markup 的意思就是"设置标记"。HTML 定义了许多用于排版的命令（即标签）。HTML 把各种标签嵌入到万维网的页面中，这样就构成了所谓的 HTML 文档。HTML 文档是一种可以用任何文本编辑器创建的 ASCII 码文件，但仅当 HTML 文档是以 .html 或 .htm 为后缀时，浏览器才对此文档的各种标签进行解释，将 HTML 文档改换为以 .txt 为后缀，则 HTML 解释程序就不对标签进行解释，这时浏览器只能看见原来的文本文件。当浏览器从服务器那里读取了 HTML 文档后，就按照 HTML 文档中的各种标签，根据浏览器所使用的显示器的尺寸和分辨率大小，重新进行排版并恢复出所读取的页面。

4.6.2　仿真设置

参考"HTTP 实例.pkt"，设置如图 4-28 所示的拓扑图。对 HTTP 服务器进行配置，快速以太网口的 IP 地址设置为"172.16.0.30"，子网掩码为"255.255.255.0"，且关闭 DHCP、FTP、DNS 等功能，配置主机 IP 地址为"172.16.0.1"，在服务器端 Services 中，将"HTTP"和"HTTPS"的选项设置为"ON"。

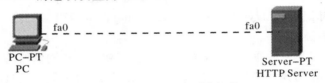

图 4-28　HTTP 点到点拓扑

4.6.3　实例分析

1. 观察 HTTP 协议的工作过程

在 Simulation Panel 中设置过滤规则为，只允许捕获"TCP"和"HTTP"数据包，然后在主机"PC0"上"Config"的"Web Browser"中输入网站的 URL 为 172.16.0.30，单击"Go"按钮，接着单击"AutoCapture/Play"按钮，在 Event List 中显示 HTTP 的工作过程，如图 4-29 所示。

Time(sec)	Last Device	At Device	Type	Info
0.000	--	PC0	TCP	
0.002	--	PC0	TCP	PC0连接请求，SYN=1,Seq=0,ACK=0
0.003	PC0	HTTP Server	TCP	服务器应答，SYN=1,Seq=0,ACK=1
0.004	HTTP Server	PC0	TCP	PC0连接应答，SYN=1,Seq=1,ACK=1
0.004	--	PC0	HTTP	HTTP连接
0.005	PC0	HTTP Server	TCP	
0.005	--	PC0	HTTP	

图 4-29　HTTP 工作过程图

从图 4-29 中查看每个数据包，发现 HTTP 工作过程分为以下 3 个阶段：

1）TCP 连接建立的 3 次握手过程

PC0 发送 TCP 连接请求到"172.16.0.30"，此时 PC0 发送 TCP SYN 报文段，将 SYN 置 1，序列号为 0。

HTTP 服务器收到请求后回复 TCP SYN+ACK 报文段，将 SYN，ACK 都置 1，序列号为 0，并期望下一次收到 PC0 发来的报文的序列号为 1。

PC0 收到此回复后再次回复 HTTP 服务器 TCP ACK 报文段，确认连接建立，此时将 ACK 置 1，序列号为 1，并期望下一次收到 HTTP 服务器发来的报文的序列号为 1。

2）HTTP 数据传输阶段

PC0 发送 HTTP request 报文，报文段内容包括 SEQ＝1，ACK＝1，HTTP 服务器回复 HTTP reply 报文，报文段内容包括 SEQ＝1，ACK＝101。

3）TCP 连接释放阶段

访问完 HTTP 服务器后，PC0 要关闭 TCP 连接，此时 PC0 会发送 TCP FIN＋ACK 报文段，将 FIN、ACK 都置 1，序列号为 101，并期望下一次收到 HTTP 服务器发来的报文的序列号为 460。

HTTP 服务器收到报文后回复 PC0 TCP FIN＋ACK 报文段，将 FIN，ACK 都置 1，序列号为 460，并期望下一次收到 PC0 发来的报文的序列号为 102。

然后 PC0 再回复 HTTP 服务器 TCP ACK 报文段，将 ACK 置 1，序列号为 102，并期望下一次收到 HTTP 服务器发来的报文的序列号为 460。

2. 观察 HTML 页面程序及显示

在服务器的 Services 中选择 HTTP，将“HTTP”和“HTTPS”的选项设置为“On”，可以看到 html 文件的情况，如图 4-30 所示。该文件由 3 个 html 文件构成，可以在下方的 page 区域中，通过翻页键浏览 helloworld. html，copyrights. html 及 image. html 文件的内容。

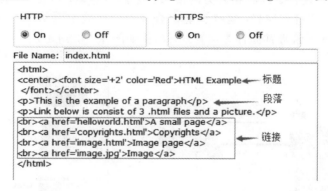

图 4-30　HTML 示意图

单击“Go”按钮，可以显示网页的内容，如图 4-31 所示。

图 4-31　网页示意图

◆ 思 考 题 ◆

1. HTTP 和 HTTPS 有何不同？

2. HTTP1.1 和 HTTP1.0 有何区别？

3. 什么是 HTTP 的缓存机制，有何作用？

4. 主机使用两个不同的浏览器(IE 和火狐等)都不能上网，但可以使用 QQ 等其他程序，试分析故障原因。

5. 使用鼠标单击一个万维网文档时，若该文档除包含文本外，还有 3 幅 gif 图像，则在 HTTP/1.0 中需要建立 UDP 连接和 TCP 连接的次数分别是多少？如果使用 HTTP/1.1 协议以持续的非流水线方式工作呢？

4.7　SNMP 仿真实例

4.7.1　理论知识

1. 网络管理

网络管理包括对硬件、软件和人力的使用、综合与协调，以便对网络资源进行监视、测试、配置、分析、评价和控制，这样就能以合理的价格满足网络的一些需求，如实时性能、服务质量等。网络管理常简称为网管，其结构如图 4-32 所示。

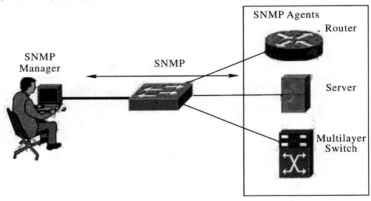

图 4-32　网络管理示意图

在规模较小的网络中，网络设备比较少，通常可用 Telnet、SSH、Web 等方法对网络设备进行维护和监控。但随着网络规模的逐渐增大，网络设备数量成倍增加，网络管理员很难及时监控所有设备的状态以及发现并修复故障。网络设备也可能来自不同的厂商，有的厂商配置设备是用命令行，有的是用 Web，有的是用客户端等，这些将使网络管理变得更加复杂。在这种情况下，就需要使用 SNMP 来进行网络管理。

2. SNMP

简单网络管理协议(Simple Network Management Protocol，SNMP)是由互联网工程

任务组（Internet Engineering Task Force，IETF）定义的一套基于简单网关监视协议（Simple Gateway Monitor Protocol，SGMP）的网络管理协议。SNMP 最重要的指导思想就是要尽可能简单。SNMP 的基本功能包括监视网络性能、检测分析网络差错和配置网络设备等。在网络正常工作时，SNMP 可实现统计、配置、测试等功能；当网络出故障时，SNMP 可实现各种差错检测和恢复功能。

虽然 SNMP 是在 TCP/IP 基础上的网络管理协议，但也可扩展到其他类型的网络设备上，SNMP 包括 3 个部分：

1）SNMP 管理者

SNMP 管理者有时也称为网络管理系统（Network Management System，NMS），它是运行于管理者 PC 上的软件，用于监测网络。

2）SNMP 代理

SNMP 代理是在网络设备上运行的软件，可以通过它们来监测路由器、交换机等设备。

3）管理信息库（Management Information Base，MIB）

任何一个被管理的资源都可以表示成一个对象，称为被管理的对象。MIB 是被管理对象的集合，它定义了被管理对象的一系列属性：对象的名称、对象的访问权限和对象的数据类型等。每个 SNMP 设备（Agent）都有自己的 MIB，MIB 也可以看作是 NMS（网管系统）和 Agent 之间沟通的桥梁。例如，如果需要监控一个服务器和一个多层交换机，则可以在这些设备上运行 SNMP 代理，在 PC 上安装 SNMP 管理软件，代理和管理器之间通过消息的形式进行通信，监控过程通过 MIB 实现。SNMP 的操作只有两种基本的管理功能：一是"读"操作，即用 get 报文来检测各被管对象的状况；二是"写"操作，即用 set 报文来改变各被管对象的状况。

MIB 文件中的变量使用的名字取自 ISO 和 ITU 管理的对象标识符（Object Identifier）名字空间，它是一种分级树的结构，如图 4 - 33 所示。

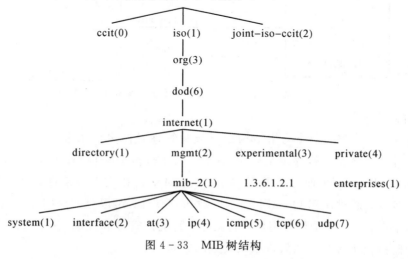

图 4 - 33　MIB 树结构

第一级有 3 个节点：ccit、iso、joint-iso-ccit。第一级的对象 ID 分别由相关组织分配。一个特定对象的标识符可通过由根到该对象的路径获得。一般的网络设备取 iso 节点下的对象内容，如名字空间 ip 节点下一个名字为 ipInReceives 的 MIB 变量被指派数字值 3，则该变量的名字为"iso. org. dod. internet. mgmt. mib. ip. ipInReceives"，其相应的数字表示(对象标识符 OID，唯一标识一个 MIB 对象)为 1. 3. 6. 1. 2. 1. 4. 3。

3. SNMP 的五种协议数据单元

SNMP 规定了五种协议数据单元 PDU(也就是 SNMP 报文)，用来管理进程和代理之间的交换。

(1) get－request 操作：从代理进程处提取一个或多个参数值。

(2) get－next－request 操作：从代理进程处提取紧跟当前参数值的下一个参数值。

(3) set－request 操作：设置代理进程的一个或多个参数值。

(4) get－response 操作：返回一个或多个参数值，这个操作是由代理进程发出的，它是前面三种操作的响应操作。

(5) trap 操作：代理进程主动发出报文，通知管理进程有某些事情发生。

前面的 3 种操作(get、get－next 和 set)是由管理进程向代理进程发出的，后面的两种操作是代理进程发给管理进程的。图 4－34 描述了 SNMP 的这 5 种报文操作。注意，代理进程端是用熟知端口 161 来接收 get 或 set 报文的，而管理进程端是用熟知端口 162 来接收 trap 报文的。

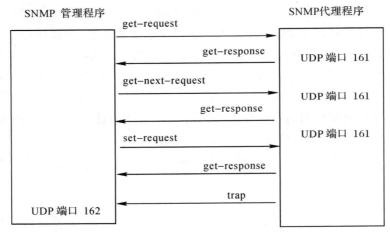

图 4－34　SNMP 的五种报文操作

4. 软件定义网络

随着互联网的发展，企业网络结构的组成和管理对许多公司来说都是一项巨大的挑战。为了应对这一挑战，软件定义网络(Software Defined Networking，SDN)应运而生。SDN 是一种将网络控制平面与数据平面分开的技术，旨在实现网络资源的自动化配置和基于策略的管理。通过使用 OpenFlow 等开放协议软件，可以允许访问交换机、路由器或防火墙等网络设备，对单个硬件组件进行集中、智能的管理和控制，从而实现资源的实时动态分配和监控。SDN 是网络管理未来发展的方向。

(1) 控制层面：负责决定数据报在端对端的路径上应该如何进行路由。在 SDN 体系结构中，路由器中的路由软件都不存在了，因此路由器之间不再交换路由信息。在控制层面中,有一个在逻辑上集中的远程控制器。这个远程控制器在物理上可由不同地点的多个服务器组成。远程控制器掌握各主机和整个网络的状态,它能够为每一个分组计算出最佳的路由,并为每一个路由器生成正确的转发表。

(2) 数据层面:负责决定数据报在每个路由器上该如何从输入端口转发到输出端口。首先进行"匹配",能够对网络体系结构中各层(数据链路层、网络层、传输层)首部中的字段进行匹配;其次执行"动作",不仅转发分组,还可以负载均衡、重写 IP 首部(类似 NAT 路由器中的地址转换)、人为地阻挡或丢弃一些分组(类似防火墙)。在 SDN 的广义转发中,完成"匹配＋动作"的设备并不局限在网络层工作,因此不再称为路由器,而称为"OpenFlow 交换机"或"分组交换机",或更简单地称为"交换机"。在 SDN 中取代传统路由器中转发表的是"流表(Flow Table)"。

(3) OpenFlow 协议:是一个得到高度认可的标准,可被看成是 SDN 体系结构中控制层面与数据层面之间的通信接口。OpenFlow 协议可以利用控制层面的控制器对数据层面中的物理设备进行直接访问和控制。在 OpenFlow 交换机中,既可以处理数据链路层的帧,也可以处理网际层的 IP 数据报,还可以处理传输层的 TCP 或 UDP 报文。

4.7.2 仿真设置

参考"SNMP 仿真实例.pkt",建立仿真拓扑图如图 4-35 所示。

图 4-35　SNMP 仿真拓扑图

1. 路由器设置

```
Router>enable
Router#configure terminal
Router(config)#interface FastEthernet0/0
Router(config)#ip address 192.168.1.1 255.255.255.0
Router(config)#no shutdown
Router(config)#end
Router#configure terminal
Router(config)#hostname R1
R1(config)#int fa0/0
R1(config)#no shut
R1(config)#snmp-server community Rl ro
R1(config)#snmp-server community Rl rw
```

2. 交换机设置

```
Switch>enable
Switch#configure terminal
```

```
Switch(config)#
Switch(config)#interface Vlan1
Switch(config)#ip address 192.168.1.2 255.255.255.0
Switch(config)#snmp-server community Rl ro
Switch(config)#snmp-server community Rl rw
```

4.7.3 实例分析

仿真如何获取网络设备的系统信息和通过 SNMP 来修改网络设备的名字,操作如下:

(1) 单击"PC0",选择"Destop/MIB Browser",OID(Object Identifier)就是 MIB 的信息节点精确路径,operations 就是 SNMP 消息的选项,其中 get 是对 MIB 的操作然后通过 SNMP 传递到网络设备上。

(2) 单击"Advanced"按钮,填入需要管理的网络设备的 IP 地址,并且填入设备上的 community 值,这是网络管理设备对网络设备进行身份认证,如图 4-36 所示。

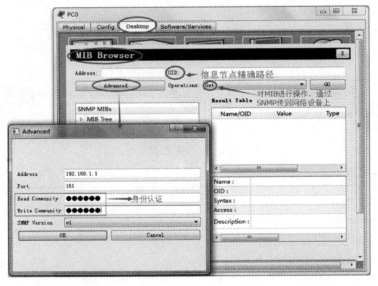

图 4-36 MIB Browser 界面

其中,在"Address"中填入 192.168.1.10,这是 R1 的 IP 地址,在"Read Community"中填入 R1,这是只读(ro)community 名称,在"Write Community"中填入 R1rw,这是读写(rw)community 名称,在"SNMP Version"选项卡中选择"V3"并单击"OK"按钮。

(3) 通过查找 MIB 数据库来精确查找用户需要的信息节点路径,再通过 Get 操作以 SNMP 数据的形式到网络设备中获取网络设备的信息。

如图 4-37 所示,可以在左下角的 MIB 中找到相应的节点路径(OID:.1.3.6.1.2.1.2.2.1.2 或者 iso.org.dod.interface.mgmt.mib-2.interfaces.ifTables.ifEntry.ifDescr),同时可以看到其命名树,这与图 4-33 是一致的,然后执行 Get 操作,所获得的路由器的系统描述信息中,包括路由器的型号和 IOS 型号等。

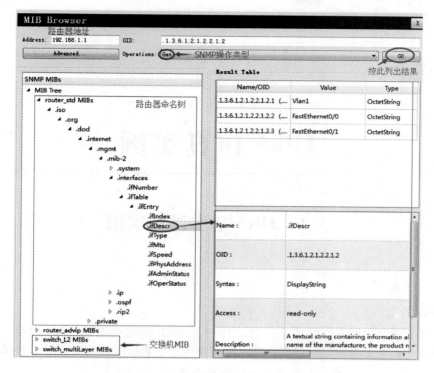

图 4-37　MIB 路由命名树及设备管理

　　如果要修改设备内容，可以将 operations 改为 set，然后找到 OID 的位置，对相应的字段进行修改，实现对设备的管理。

思 考 题

1. 要实现对远程设备的管理，需要具备什么条件？
2. SNMP 有几个版本，特点是什么？
3. SNMP 使用哪几个端口？
4. SNMP 数据包格式是什么样的？

第 5 章

IPv6 仿真实例

5.1　IPv6 基本设置实例

5.1.1　理论知识

1. IPv6 协议

2024 年，全球上网人数已达 53.5 亿，IPv4 已超过 40 亿个地址，几乎耗尽。虽然目前的网络地址转换及无类别域间路由等技术可延缓网络位置匮乏的现象，但未能解决根本问题。从 1990 年开始，互联网工程任务小组便开始规划 IPv4 的下一代协议，除了要解决 IP 地址短缺问题外，还要发展更多的扩展，为此 IETF 小组创建了 IPng，以便让后续工作顺利进行。1994 年，各 IPng 领域的代表们在多伦多举办的 IETF 会议中，正式提议 IPv6 发展计划，该提议直到同年的 11 月 17 日才被认可，并于 1996 年 8 月 10 日成为 IETF 的草案标准，最终 IPv6 在 1998 年 12 月被互联网工程研究团队通过公布互联网标准规范(RFC 2460)的方式定义出台。

IPv6 的全称是 Internet Protocol Version 6，是目前广泛使用的 TCP/IP 协议族当中的网络层的 IP 协议，是 IPv4 的升级版本，在理论上能解决目前 IPv4 遇到的发展瓶颈，尤其是目前最凸显的地址枯竭问题。IPv6 并没有改变 IPv4 原有的网络架构，IPv6 的地址长度在原有的基础之上将 32 bit 的地址长度改变为 128 bit 的地址长度。IPv4 的地址容量为 $2^{32}-1$ 个，而 IPv6 的地址容量为 $2^{128}-1$ 个。为适应 IPv6 的这些变化，互联网控制消息协议 (ICMP)、动态主机配置协议(DHCP)、地址解析协议(ARP)、路由选择协议等相关的技术和协议都发生了相应的变化或更新。此外，IPv6 还在增强安全、支持可移动、网络管理、增强服务质量(Quality of Service，QoS)等方面颇具优势。

虽然 IPv6 拥有相当大的地址容量，但是它也难免会和 IPv4 一样存在地址浪费问题。首先，IPv6 地址新加入了一个自动配置的功能，但是如果要实现 IP 地址的自动配置，IPv6 局域网的子网前缀就必须要求是 64 bit，但是一个局域网很少能够容纳 2^{64} 个网络终端设备；其次，为了提高路由器的转发速度和网络的吞吐量，IPv6 的路由表被设计成一条记录表示一片子网，也就是说 IPv6 的地址分配必须遵循聚类的原则。IPv6 以上两个特性决定了 IPv6 也会存在地址浪费的现象。

2. IPv6 地址表示

与用十进制表示的 IPv4 不同的是，IPv6 是通过十六进制表示的，地址长度为 128 bit

（是 IPv4 地址长度的 4 倍），分为 8 组，并使用冒号隔开。IPv6 有以下 3 种表示方法：

1）冒分十六进制表示法

用冒分十六进制表示法表示的 IPv6 的格式为 X:X:X:X:X:X:X:X，其中每个 X 为 16 bit，以十六进制表示，如 ABCD:EF01:2345:6789:ABCD:EF01:2345:6789。这种表示法中，每个 X 的前导 0 是可以省略的，例如：2001:0DB8:0000:0023:0008:0800:200C:417A 可以写为 2001:DB8:0:23:8:800:200C:417A。

2）0 位压缩表示法

在某些情况下，一个 IPv6 地址中间可能包含很长的一段 0，可以把连续的一段 0 压缩为"::"，但为保证地址解析的唯一性，地址中"::"只能出现一次，例如：

FF01:0:0:0:0:0:0:1101 可表示为 FF0::1101

0:0:0:0:0:0:0:1 可表示为 ::1

0:0:0:0:0:0:0:0 可表示为 ::

3）内嵌 IPv4 地址表示法

为了实现 IPv4 与 IPv6 互通，IPv4 的地址会嵌入到 IPv6 的地址中，此时地址常表示为 X:X:X:X:X:X:d.d.d.d，前 96 bit 采用冒分十六进制表示，而最后 32 bit 则使用 IPv4 的点分十进制表示。例如，::192.168.0.1 与 ::FFFF:192.168.0.1 就是两个典型的例子，注意在前 96 bit 中，压缩 0 bit 的方法依旧适用。

IPv4 与 IPv6 的对比如表 5-1 所示。

表 5-1　IPv4 与 IPv6 对比

协议名称	IPv4	IPv6
地址位数	32 bit	128 bit
地址格式	点分十进制	冒分十六进制、带零压缩、内嵌 IPv4 地址
地址划分	按 A、B、C、D、E 地址划分	按传输类型划分
网络表示	子网掩码或前缀长度	仅以前缀长度格式表示
环路地址	127.0.0.1	::1
公共地址	公共 IP 地址	可聚集全球单点传送地址
自动配置地址	169.254.0.0/16	FE80::/64
多播地址	224.0.0.0/4	FF00::/8
是否包含广播地址	是	没有定义
未指明的地址	0.0.0.0	::(0:0:0:0:0:0:0:0)
私有 IP 地址	10.0.0.0/8，172.16.0.0/12，192.168.0.0/16	FEC0::/48
域名解析	A 资源记录	AAAA 资源记录或 A6
逆向域名解析	IN-ADDR.ARPA	IP6.INT 域

3. IPv6 地址类型

1) 单播地址(Unicast Address)

单播地址被用来作为识别单一接口的标识符,IPv6 数据包被发送到一个单播地址,并且该数据包会被传递到由该地址标识的端口。

一个典型的 IPv6 主机单播地址由全局路由前缀、子网 ID 和接口 ID(64 bit)三部分组成。全局路由前缀用来识别分配给一个站点的地址范围;子网 ID 也称为子网前缀,一个子网 ID 与一个连接相关联,以识别站点中的某个连接;接口 ID 用来识别连接上的某个接口,在该连接上是唯一的。

单播地址包括链路本地地址、站点本地地址、可聚集全球地址和环回地址。

(1) 链路本地地址(Link Local Address):该地址用在链路上的各节点之间,用于自动地址配置、邻居发现或未提供路由器的情况。链路本地地址主要用于系统启动时以及系统尚未获取较大范围的地址之时。

(2) 站点本地地址:该地址用于单个站点,其格式为 FEC0:SubnetID:InterfaceID。站点本地地址用于不需要全局前缀的站点内的寻址。

(3) 可聚集全球地址:带有全局单播前缀的 IPv6 地址,其作用类似于 IPv4 中的公网地址。

(4) 环回地址(Loopback Address):环回接口上设置的地址,该地址用于标示设备本身。

2) 任播地址(Anycast Address)

任播地址是在 IPv6 中新加入的一种新的地址类型,通常情况下被用来标识一组接口的标识符(这组接口通常位于不同的节点)。被发往任播地址的包会通过路由协议度量距离来选择该组任播地址的最佳接口。

3) 组播地址(Multicast Address)

IPv6 数据报被发送到组播地址的时候会被传递到多个接口。

IPv6 的几种地址类型及压缩形式如表 5-2 所示。

表 5-2　IPv6 地址类型和格式

IPv6 地址类型	首选格式	压缩格式
单播	2001:0:0:0:DB8:800:200C:417A	2001::DB8:800:200C:417A
多播	FF00:0:0:0:0:0:0:0	FF00::/8
环路	0:0:0:0:0:0:0:1	::1/128
未指定	0:0:0:0:0:0:0:0	::/128
本地链路单接地址	1111111010(10 bit)	FE80::/10

4. 特殊的 IPv6 地址

一些特殊的 IPv6 地址见表 5-3。

表 5 - 3　一些特殊的 IPv6 地址

特殊地址	描　　述
FF02::1	一条链路上的所有节点(本地链路范围)
FF02::2	一条链路上的所有路由器
FF02::5	OSPFv3 中所有的 SPF 路由器
FF02::6	OSPFv3 中所有的 DR 路由器
FF02::9	一条链路上的所有 RIP 路由器
FF02::A	EIGRP 路由器
FF02::1:FFxx:xxxx	用于自动配置和邻居发现的节点组播 IP 地址(类似于 IPv4 的 ARP)xx:xxxx 是相应的单播和任播地址最右边的 24 bit
FF05::101	所有的 NTP(Network Time Protocol) 服务器

5. IPv6 的特点

IPv6 有以下特点：

(1) 更大的地址空间：IPv6 将 IPv4 的 32 bit 地址空间增大到了 128 bit，在采用合理编址方法的情况下，是不会被用完的。

(2) 扩展的地址层次结构：地址可划分为更多的层次，这样可以更好地反映出因特网的拓扑结构，使得对寻址和路由层次的设计更具有灵活性。

(3) 首部格式灵活：IPv6 定义了许多可选扩展首部，不仅可提供比 IPv4 更多的功能，而且还可以提高路由器的处理效率，因为路由器对逐跳扩展首部外的其他扩展首部都不进行处理。

(4) 可改进的选项：IPv6 允许分组包含有选项的控制信息，因而可以包含一些新的选项。而 IPv4 规定的选项却是固定不变的。

(5) 允许协议继续扩充：以应对新技术不断地发展和应用的需求。

(6) 支持即插即用(即自动配置)：IPv6 支持主机或路由器自动配置 IPv6 地址及其他网络配置参数。因此，IPv6 不需要使用 DHCP。

(7) 支持资源的预分配：IPv6 能为实时音视频等要求保证一定带宽和时延的应用，提供更好的服务质量保证。

5.1.2　仿真设置

在 Cisco Packet Tracer 中，主机 IPv6 地址的配置有 3 种方式：静态配置、有状态地址自动配置和无状态地址自动配置。为实现基本的 IPv6 静态连接，需要给每个设备和接口分配 IPv6 地址。启用 IPv6 流量转发功能，用户可以在域名系统配置 IPv6 地址为支持 AAAA 记录类型，通过 IPv6 邻居发现协议，实现地址和名字的查找。本实例的目的是练习在路由器、服务器和客户端上进行 IPv6 地址的配置，掌握静态地址和无状态地址自动配置的设置方法，并验证其执行情况。

参考"IPv6 基本配置实例.pkt"，设置某个企业的 IPv6 网络，如图 5 - 1 所示。

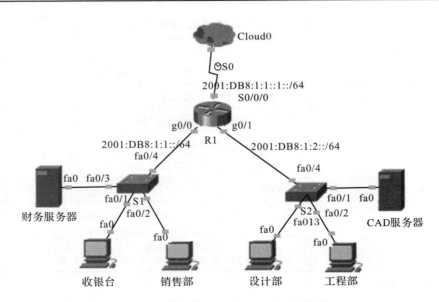

图 5－1　设置某企业的 IPv6 仿真拓扑图

通过交换机 S1 连接收银台、销售部、财务服务器，通过交换机 S2 连接工程部、设计部和 CAD 服务器，S1、S2 通过路由器 R1 连接，并且按表 5－4 设置 IPv6 地址。

表 5－4　IPv6 地址设置

设　　备	接　　口	IPv6 地址/前缀	网关地址
R1	g0/0	2001：DB8：1：1：：1/64	N/A
	g0/1	2001：DB8：1：2：：1/64	N/A
	S0/0/0	2001：DB8：1：A001：：2/64	N/A
	Link－local	FE80：：1	N/A
销售部	NIC	2001：DB8：1：1：：2/64	FE80：：1
收银台	NIC	2001：DB8：1：1：：3/64	FE80：：1
财务部服务器	NIC	2001：DB8：1：1：：4/64	FE80：：1
设计部	NIC	2001：DB8：1：2：：2/64	FE80：：1
工程部	NIC	2001：DB8：1：2：：3/64	FE80：：1
CAD 服务器	NIC	2001：DB8：1：2：：4/64	FE80：：1

1. 在路由器 R1 上配置 IPv6 地址

（1）使路由器 R1 能够转发 IPv6 分组，配置信息如下：

```
Router＞en
Router♯conf t
R1(config)♯ipv6 unicast－routing //IPv6 全局配置命令，使路由器能够转发 IPv6 分组
```

（2）在 R1 的 GigabitEthernet0/0 接口上配置 IPv6 地址，

```
R1(config)＃int g0/0
R1(config-if)＃ipv6 address 2001:DB8:1:1::1/64      //在 g0/0 接口上配置 IPv6 地址
R1(config-if)＃ipv6 address FE80::1 link-local       //在 g0/0 接口上配置 link-local IPv6 地址
```

（3）在 R1 的 GigabitEthernet0/1 接口上配置 IPv6 地址，

```
R1(config)＃int g0/1
R1(config-if)＃ipv6 address 2001:DB8:1:2::1/64  //在 g0/1 接口上配置 IPv6 地址
R1(config-if)＃ipv6 address FE80::1 link-local    //在 g0/1 接口上配置 link-local IPv6 地址
```

（4）在 R1 的 Serial0/0/0 接口上配置 IPv6 地址，

```
R1(config)＃interface Serial0/3/0
R1(config-if)＃ipv6 address 2001:DB8:1:A001::2/64
R1(config-if)＃ipv6 address FE80::1 link-local
```

　　配置完毕，通过"show ipv6 interface brief"命令，查看 R1 的 IPv6 接口的情况，如图 5-2 所示。

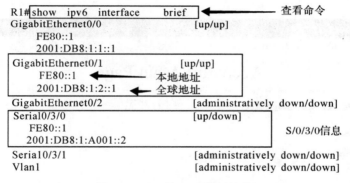

图 5-2　R1 的 IPv6 接口情况

　　进一步可以查看 R1 的 fa0/1 接口的信息，如图 5-3 所示。

```
R1#show ipv6 int fa0/1
FastEthernet0/1 is up, line protocol is up
  IPv6 is enabled, link-local address is FE80::20B:BEFF:FED0:AB02
  No Virtual link-local address(es) //启用本接口的IPv6,自动分配本地链路地址
  Global unicast address(es)            //可聚合全球单播地址及子网
    2001:1:2::1,subnet is 2001:1:2::/64
  Joined group address(es):  //加入的组播地址
    FF02::1
    FF02::2          //本地链路上的所有节点和路由器
    FF02::9
    FF02::1:FF00:1        //用于替换App机制的被请求节点的多播地址
    FF02::1:FFD0:AB02   //与单播地址相关的被请求节点的多播地址
  MTU is 1500B
  ICMP error messages limited to one every 100 milliseconds
  ICMP redirects are sent      //启用ICMP重定向
  ICMP unreachables are sent
  ND DAD is enabled, number of DAD attempts::1
  ND reachable time is 30000 milliseconds    //邻居检测和重复地址检测启动
  ND advertised reachable time is 0 (unspecified)
```

图 5-3　R1 的 Fastethernet 0/1 接口情况

2. 在客户端和服务器上配置 IPv6 地址

单击相应的客户端或者服务器图标，在 Config 中寻找相应的接口，配置财务服务器 fa0/0 口的 IP 地址为 2001:DB8:1:1::4/64，配置 CAD 服务器 fa0/0 口的 IP 地址为 2001:DB8:1:2::4/64，本地环路地址均配置为 FE80::1。

同理，根据表 5-3 分别配置收银台、销售部、设计部、工程部的相应端口的 IPv6 地址，网关地址均配置为 FE80::1。

5.1.3　实例分析

1. 测试网络的连接性

1) 从客户端看服务器的网页

(1) 单击"财务服务器"，在"Service/HTTP"中编辑 index.html 文件，单击"Save"按钮。

(2) 单击"销售部"，然后单击"Desktop/Web Browser"按钮，在 URL 中输入财务部的 IP 地址 2001:DB8:1:1::4，然后单击"Go"按钮，可以看到 Accounting 的页面，如图 5-4 所示。

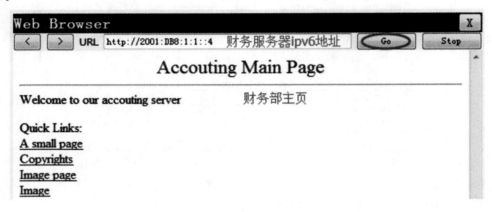

图 5-4　账务服务器的主页

(3) 同理，在 URL 中输入 2001:DB8:1:2::4，然后单击"Go"按钮，可以看到 CAD 服务器的页面。

2) 测试与 ISP 的连通性

打开任一台计算机的"Desktop Tab/Command Prompt"，输入 ping 命令，验证是否与 ISP 连接上了。

2. 查看无状态自动配置 IPv6 地址

在 IPv6 中，无状态自动配置是指在网络中没有 DHCP 服务器的情况下，允许节点自动配置 IPv6 地址的机制。主机通过监听路由通告获得全局地址前缀(64 bit)，然后在其后加上自己的接口地址得到全局 IP 地址，接口 ID(64 bit)通常可以通过 EUI64 转换算法将 48 bit MAC 地址进行转换得到，此后主机向该地址发送一个邻居发现请求(Neighbor Discovery Request)，如果无响应，则证明网络地址是唯一的。

64 bit EUI64 地址是由 IEEE 定义的，它是一种基于 64 bit 的扩展唯一标识符，是

IEEE 指定的公共 24 bit 制造商标识和制造商为产品指定的 40 bit 值的组合。无状态自动配置机制使用 EUI - 64 格式来自动配置 IPv6 地址。

　　采用图 5 - 1 的仿真拓扑图，使用命令 IPv6 add 2001:200::/64 EUI - 64，分别配置 R1 的 g0/0 和 g0/1 口。

```
R1(config) # interface GigabitEthernet0/0
R1(config - if) # ipv6 add 2001:200::/64 EUI - 64 //自动配置地址，并启用 EUI - 64 自动生成接口
                                            标识
R1(config) # interface GigabitEthernet0/1
R1(config - if) # ipv6 add 2001:300::/64 EUI - 64
```

　　分别在 3 台主机上，用"ipv6config"命令查看地址配置信息，如图 5 - 5 所示。由图中可见，主机已经从路由器那里获得了 IPv6 前缀，并添加了 EUI - 64 地址，从而形成了全球唯一的 IPv6 地址。

图 5 - 5　主机端口配置情况

　　其中，DHCP 唯一标识符(DHCP Unique Identifier，DUID)是唯一标识一台 DHCPv6 设备(包括客户端、中继和服务器)的标识符，用于 DHCPv6 设备之间的相互验证。

　　为了看到自动地址配置的过程，启用"Simulation"模拟模式，重新勾选销售部主机客户端的"AutoConfig"，强制其向路由器发出 RS 消息，然后单击模拟模式面板中的"Auto Capture/Play"按钮，捕获到客户端和 R1 之间 ND(Neighbor Discovery)消息的交互事件，同时观看到地址获取的过程。

　　从 Eventlist 中可以看到，客户端为了从缺省网关处获取地址前缀，组播多个路由器请求(RS)消息，RS 消息经交换机 S1，发往路由器 R1 和其他主机，R1 会处理 RS 消息，并发出路由器公告(RA)应答，而其他 PC 则丢弃 RS 消息。在 RA 消息中，封装了前缀等地址自动配置所需的信息。

　　查看 RS 和 RA 消息：单击事件列表中某个时刻的"info"框，弹出从销售部主机上发出的 RS 消息，如图 5 - 6 所示。

　　由图 5 - 6 中可见，RS 消息是以 ICMP 消息来发送的，类型为 133，它的目标 IPv6 地址是 FF02::2，此地址代表所有本链路路由器的组播地址，因此，路由器会接收该消息并以 RA 应答，而其他 PC 虽然收到了这个消息，但却不处理，因为它不在这个组播组中。R1 发出的 RA 消息的目的 IPv6 地址也是一个组播地址 FF02::1，此地址代表接收者是包含销售部主机在内的所有同一链路上的主机，意味着其他主机也可以拿到一个免费的地址前缀，完成它自己的自动地址配置。

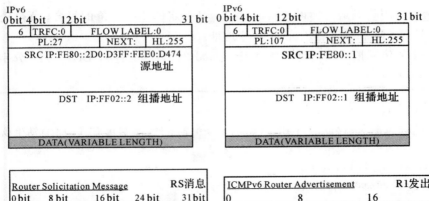

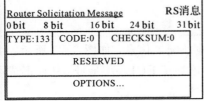

图 5-6　销售部主机发出的 RS 消息和 R1 发出的 RA 消息

1. 什么是零压缩法？IPv6 主要采用了什么样的简化形式？
2. IPv6 将 IP 安全(IPsec)作为标准配置，其如何保证安全？
3. IPv6 首部中如何保证 QoS 功能？
4. 简述 IPv6 扩展首部的功能和作用。

5.2　IPv6 静态路由仿真实例

5.2.1　理论知识

　　不论是 IPv4 还是 IPv6 的网络环境都完整地支持静态路由。静态路由是指由网络管理员手工配置的路由信息，能够定义源宿间一条清楚的路径，由网络管理员维护更新，适合小型网络。静态路由效率更高，安全性更好，而且比动态路由使用更小的带宽。静态路由比动态路由不仅占用的带宽小，而且 CPU 不参与路由的计算和更新，因而占用较小的中央处理器和内存。当网络中所包含的路由器数目较少或者网络仅通过单个 ISP 接入 Internet 时，为网络配置静态路由将为传递数据包带来便利。但是，如果网络的拓扑结构发生变化，必须手动更新配置。如果某条连接发生故障，静态路由是不能够"动态"纠错的。静态路由在缺省情况下是私有的，不会传递给其他的路由器。

　　静态路由包括远程网络的网络地址和子网掩码，还包括送出接口或下一跳路由器的接入接口的 IP 地址。通过配置静态路由，可以将远程网络添加至路由表中。通过静态路由传递数据包时，每次数据包到达相同目的地的路径是不变的。

IPv6 静态路由的配置方法和 IPv4 基本相同，唯一不同的是 IPv4 的网络掩码使用点分十进制，而 IPv6 的网络掩码使用目标网络的前缀长度。与 IPv4 不同，IPv6 的路由选择在缺省情况下是关闭的，所以在输入 IPv6 的静态路由前，必须使用"ipv6 unicast-routing"命令开启 IPv6 的路由选择。在向路由表中添加 IPv6 的路由选择之前，出站接口必须有效，并且接口上已经配置好一个 IPv6 地址。

5.2.2　仿真设置

参考"IPv6 静态路由仿真实例.pkt"，设置仿真拓扑图如图 5-7 所示，路由器 R1、R2 将拓扑分为 3 个网段，2 台终端设备 PC1 和 PC2 分别代表 2 个不同的网络，即教学部门网络和行政部门网络，并且与 2 台路由器的 f0/0、f0/1 端口相连。

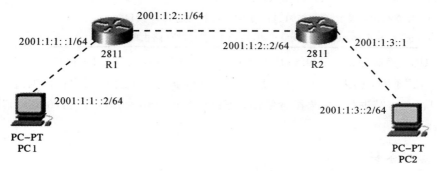

图 5-7　仿真拓扑图

按表 5-5 设置 IP 地址。

表 5-5　IPv6 地址设置

设备名称	IPv6 地址	设备名称	IPv6 地址
R1，F0/0	2001:1:1::1/64	PC1	2001:1:1::2/64
R1，F0/1	2001:1:2::1/64	PC2	2001:1:3::2/64
R2，F0/1	2001:1:3::1/64		
R2，F0/0	2001:1:2::2/64		

在配置静态路由前，必须先执行"ipv6 unicast-routing"命令，启用 IPv6 转发单播数据报的功能。在 IPv6 中，静态路由的用法和配置与在 IPv4 中相同，语法为"ipv6 route <目标 IPv6 前缀><出站接口> <下一跳 IPv6 地址>"。

（1）"目标 IPv6 前缀"表示目标 IPv6 网络，这与 IPv4 的目标子网的意义相同。

（2）"出站接口"是指当前路由器转发数据包的出站接口，如果使用邻接路由器的 IPv6 本地链路地址作为下一跳地址，那么在静态路由的语法中必须包含出站接口关键字。

（3）"下一跳 IPv6 地址"是指要到达目标网络所要经历的下一跳路由器的 IPv6 地址，这与 IPv4 的环境相同。

根据 RFC2461 规定，路由器必须能够确定下一跳路由器的本地链路地址，所以在配置

IPv6 静态路由时,"下一跳地址"建议配置为邻接路由器的本地链路 IPv6 地址,具体配置
过程如下:

```
R1>enable
R1#configure terminal
R1(config)#ipv6 unicast-routing //启用 IPv6 单播服务
R1(config-rtr)# interface fastEthernet 0/0
R1(config-if)#ipv6 address 2001:1:1::1/64
R1(config-if)#no shut
R1(config)#interface FastEthernet0/1
R1(config-if)# ipv6 address 2001:1:2::1/64
R1(config)# ipv6 route 2001:1:3::/64 f0/1
//配置 IPv6 静态路由,表示到达 2001:1:3 子网,需要经过 f0/1 接口
Router1(config)#ipv6 route ::/0 2000:0:0:2::2 //进行默认路由配置
```

配置 IPv6 静态路由时也可以用"ipv6 route 2001:1:3::/64 2001:1:2::2",表示要到
达"2001:1:3"子网,需要经过"2001:1:2::2"接口;配置默认路由时也可以通过"ipv6 route
::/0 2001:1:2::2"进行。如果配置错误,可以用"no route 2001:1:3::/64 f0/0"删除不需
要的路由。

5.2.3 实例分析

用"do show ipv6 route"命令来查看路由表,验证是否已将静态路由添加到路由表中。
由图 5-8 可见,R2 上的静态路由已配置成功。

图 5-8 R2 路由表查看结果

1. IPv6 在无状态地址自动配置过程中使用的主要报文包括哪些？
2. 简述有状态 DHCPv6 的交互过程。
3. 默认路由有何作用？

5.3　IPv6 动态路由仿真实例

5.3.1　理论知识

动态路由协议是由运行在路由器上的路由协议创建、维护和更新的。动态路由在大型网络中容易配置，如果某条链路故障，则动态路由会自动恢复，并且能够在多条链路之间保持负载平衡。动态路由也存在不足：由于路由器之间共享更新，所以会有更多的带宽消耗，这会给中央处理器和内存带来额外负担。动态路由协议决定最好的路由，而不是最好的网络。

类似于 IPv4，IPv6 也支持动态路由协议，如 RIPng（Routing Information Protocol Next generation）、OSPFv3（Open Shortest Path First version 3）、EIGRP（Enhanced Interior Gateway Routing Protocol）等。

1. RIPng 路由协议

RIPng 路由协议是专门针对 IPv6 的 RIP 协议，虽然是基于 RIPv2 开发而成的，但不是 RIP 协议的第 6 个版本，所以不能支持 IPv4。

RFC2080 里详细说明了支持 IPv6 的 RIP 路由算法，其中包含了对 IPv6 地址前缀和 RIP 路由消息更新所采用的 all‐RIP‐Router 的描述，该路由算法使用 IPv6 多播地址 FF02::9 以多播方式收发请求和响应消息。路由器的 IPv6 RIP 进程会维护一张 IPv6 的择域信息数据库（Routing Information Base，RIB），它包含着该路由器从所有邻居路由器学到的最佳 IPv6 RIP 路由。IPv6 RIP 会试图将每一条有效的 RIB 信息插入路由器的 IPv6 主转发路由表中，但如果其他路由协议拥有相同的路由信息并有较高的权值，IPv6 RIP 将不把这条路由信息插入到主转发路由表中，但依然把它保存在 RIP RIB 中。

2. OSPFv3

开放最短路径优先第 3 版本（OSPFv3）是 IPv6 使用的链路状态路由协议，它对 OSPFv2 进行了修改，但是并不能兼容 OSPFv2。OSPFv3 使用的仍然是链路状态算法 OSPFv2 的基本机制，如洪泛、DR 选举、区域划分、SPF 算法。相对于 OSPFv2，OSPFv3 最大的变化就是对 IPv6 地址的支持以及对 IPv6 体系架构的兼容，此外，OSPFv3 还在 OSPFv2 的基础上，对功能做了增强。

OSPFv3 中用"链路"替代了 OSPFv2 中的"网络""子网"等术语。在 OSPFv3 中，路由器接口与链路相连而不是与子网相连，任意两个节点之间都可以通过它们所处的链路来相互通信。在 OSPFv3 中，LSA 的洪泛范围被扩展为 3 种，即本地链路范围、区域范围和自治系统范围。

　　当在路由器上同时配置了 OSPFv3 和 OSPFv2 时，它们会使用各自的最短路径实例(SPF)完全独立地运行。OSPFv3 和 OSPFv2 在配置中也存在一定的差异，如 OSPFv3 可以直接通过配置接口来指定哪些 IPv6 网络是 OSPFv3 的一部分。

5.3.2　RIPng 路由协议仿真实例

　　配置 RIPng 时，需要先在接口上使用"ipv6 rip name enable"命令来启用 RIPng 进程，然后使用全局配置命令"ipv6 router rip name"来配置路由，其中 name 是路由进程的名字，若没有创建进程，则其将自动被创建。

　　与配置静态路由类似，配置 RIPng 前必须先使用"ipv6 unicast‐routing"命令来启用IPv6 转发单播数据报的功能，然后逐个对接口启用 RIPng 进程，最后在全局配置模式中配置路由协议。

　　参考"IPv6 动态路由 RIPgn 仿真实例.pkt"，建立如图 5‐7 所示的拓扑，采用表 5‐5所示的 IP 地址设置，对 R1 进行 RIPng 设置如下：

```
R1♯ configure terminal
R1(config)♯ ipv6 router rip ripngTest    //启用 RIPng 协议，本地进程号为 RIPngTest
R1(config)♯ int f0/0
R1(config‐if)♯ ipv6 rip ripngTest enable    //开启端口的 RIPng 功能
R1(config‐if)♯ exit
R1(config)♯ int f0/1
R1(config‐if)♯ ipv6 rip ripngTest enable
R1(config‐if)♯ exit
```

　　对 R2 的 RIPng 配置与 R1 类似。配置完毕后，可以使用"show ipv6 route"命令来查看RIPng 路由表，如图 5‐9 所示。

```
R2♯show ipv6 route
IPv6 Routing Table - 6 entries
Codes: C - Connected, L - Local, S - Static, R - RIP, B - BGP
       U - Per-user Static route, M - MIPv6
       I1 - ISIS L1, I2 - ISIS L2, IA - ISIS interarea, IS - ISIS summary
       O - OSPF intra, OI - OSPF inter, OE1 - OSPF ext 1, OE2 - OSPF ext 2
       ON1 - OSPF NSSA ext 1, ON2 - OSPF NSSA ext 2
       D - EIGRP, EX - EIGRP external
R    2001:1:1::/64 [120/2]
       via FE80::20B:BEFF:FED0:AB02, FastEthernet0/0
C    2001:1:2::/64 [0/0]
       via ::, FastEthernet0/0
L    2001:1:2::2/128 [0/0]
       via ::, FastEthernet0/0
```

图 5‐9　R2 路由表查看结果

　　或者使用"show ipv6 rip"命令来查看 RIPng 协议的详细信息，如图 5‐10 所示。

```
R2#show ipv6 protocols
IPv6 Routing Protocol is "connected"
IPv6 Routing Protocol is "static"
IPv6 Routing Protocol is "rip 1"
  Interfaces:
    FastEthernet0/0
    FastEthernet0/1
  Redistribution:
    None

IPv6 Routing Protocol is "rip ripng"
  Interfaces:
    FastEthernet0/0
    FastEthernet0/1
  Redistribution:
    None
```

图 5－10　R2 路由协议查看结果

5.3.3　OSPFv3 路由协议仿真实例

配置 OSPFv3 时，先使用"ipv6 unicast－routing"命令来启用 IPv6 路由选择，然后使用"router－id {ip－address}"指定 OSPFv3 的路由器 ID，其中 ip－address 为点分十进制表示的 32 bit 数字，每台路由器的 ID 必须唯一。

最后使用接口配置命令"ipv6 ospf process－id area area－id [instance　instance－id]"在接口上启用 OSPFv3。配置命令中"process－id"是 OSPFv3 进程的内部标识，必须与启用 OSPF 路由进程时使用的数字相同；"area－id"指定将 OSPF 接口关联到哪个区域；"instance－id"为可选项，用于指定实例。

打开"IPv6 动态路由 OSPFv3 仿真实例.pkt"，建立如图 5－7 所示的拓扑，采用表 5－5所示的 IP 地址设置，对 R1 进行 OSPF 设置如下：

```
R1(config)#ipv6 unicast－routing //启用 IPv6 单播服务
R1(config)#ipv6 router ospf 1　//启动 OSPF 路由进程
R2(config－rtr)#router－id 0.0.0.1　//定义路由器 ID 为 0.0.0.1
R1(config－rtr)#int f0/1
R1(config－if)#ipv6 ospf 1 area 0　//在接口上启用 OSPF 进程 1，并声明接口所在区域为 area1
```

对 R2 进行 OSPF 设置如下：

```
R2(config)#ipv6 unicast－routing
R2(config)#ipv6 router ospf 1
R2(config－rtr)#router－id 0.0.0.2　//定义路由器 ID 为 1.1.1.1
R2(config－rtr)#int f0/0
R2(config－if)#ipv6 enable
R2(config－if)#ipv6 ospf 1 area 0
```

在验证 OSPFv3 动态路由的配置时，使用"show ipv6 ospf neighbor"命令用来验证两个路由器是否建立了邻居关系，如图 5-11 所示。两个路由器只有建立了邻居关系后，才能互相发送链路状态通告(Link State Advertisement，LSA)，进而交换信息。

```
R1#show ipv6 ospf neighbor

Neighbor ID    Pri    State          Dead Time    Interface ID    Interface
0.0.0.2         1     FULL/DR        00:00:30     1               FastEthernet0/1

R2#show ipv6 ospf neighbor

Neighbor ID    Pri    State          Dead Time    Interface ID    Interface
0.0.0.1         1     FULL/BDR       00:00:38     2               FastEthernet0/0
```

图 5-11　R2 路由协议查看结果

使用"showipv6 route"命令查看路由表，发现两个路由器均已将对方环回地址所代表的远程网络加入到自己的路由表中，如图 5-12 所示。使用"ping"命令可知，双方此时已经可以相互发送数据包。

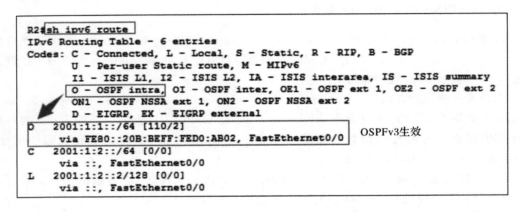

```
R2#sh ipv6 route
IPv6 Routing Table - 6 entries
Codes: C - Connected, L - Local, S - Static, R - RIP, B - BGP
       U - Per-user Static route, M - MIPv6
       I1 - ISIS L1, I2 - ISIS L2, IA - ISIS interarea, IS - ISIS summary
       O - OSPF intra, OI - OSPF inter, OE1 - OSPF ext 1, OE2 - OSPF ext 2
       ON1 - OSPF NSSA ext 1, ON2 - OSPF NSSA ext 2
       D - EIGRP, EX - EIGRP external
O   2001:1:1::/64 [110/2]                                          OSPFv3生效
       via FE80::20B:BEFF:FED0:AB02, FastEthernet0/0
C   2001:1:2::/64 [0/0]
       via ::, FastEthernet0/0
L   2001:1:2::2/128 [0/0]
       via ::, FastEthernet0/0
```

图 5-12　R2 路由协议查看结果

思 考 题

1. OSPFv3 中的 LSA 主要起什么作用？

2. RIPng 中的 IMB 主要起什么作用？

5.4　IPv6/IPv4 双协议栈仿真实例

5.4.1　理论知识

IPv6 的计划是创建未来互联网扩充的基础，其目标是替换 IPv4，虽然 IPv6 在 1994 年就已被 IETF 指定为 IPv4 的下一代标准，但如果使用 IPv6，那么早期的路由器、防火墙、企业的企业资源计划系统及相关应用程序皆需改写，所以在世界范围内使用 IPv6 部署的公众网与 IPv4 相比还是非常少。由于 IPv6 不可能立刻替代 IPv4，因此在相当长一段时间内 IPv4 和 IPv6 会共存在一个环境中，要想提供平稳的转换过程，对现有的使用者影响最小，就需要有良好的转换机制。转换机制这个议题是 IETF Ngtrans 工作小组的主要目标，有许多转换机制被提出，部分已被用于 6Bone 上（IETF 于 2003 年发布的 IPv6 测试性网络）。

目前 IETF 发布的 RFC 文档中提出了 3 种主要的 IPv4/IPv6 过渡机制：双协议栈机制、隧道机制和协议翻译机制。

双协议栈（Dual Stack）表示在同一网络接口上同时运行 IPv4 协议栈和 IPv6 协议栈，既能够和 IPv6 的系统通信，又能够和 IPv4 的系统通信。双协议栈的主机（或路由器）记为 IPv6/IPv4，表明它具有 2 种 IP 地址：一个 IPv6 地址和一个 IPv4 地址。双协议栈机制的优点是互通性好、易于理解；缺点是需要给每个运行 IPv6 协议的网络设备和终端分配 IPv4 地址，不能解决 IPv4 地址匮乏的问题。IPv4/IPv6 双协议栈机制原理如图 5 - 13 所示。

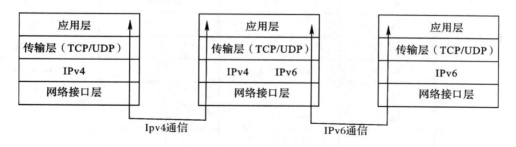

图 5 - 13　IPv4/IPv6 双协议栈机制

IPv6 和 IPv4 是功能相近的网络层协议，两者都应用于相同的物理平台，并承载相同的传输层协议 TCP 或 UDP。对主机来说，这意味着每个 NIC 都与一个 IPv4 地址和一个 IPv6 地址相关联，主机可将 IPv4 分组发送给其他 IPv4 主机，还可将 IPv6 分组发送给其他 IPv6 主机。对路由器来说，需同时支持 IPv4 和 IPv6 两种路由协议，对路由器进行配置使其能够同时转发 IPv4 分组和 IPv6 分组后，该路由器便是双栈路由器。另外 IPv6 协议使用邻居发现协议（Neighbor Discovery Protocol，NDP），用于地址解析、邻居发现以及路由器和网络参数发现。此协议栈不支持路由功能，所以无须实现发送路由器通告报文，但必须实现接受路由器通告报文，以完成路由发现功能，同时此协议栈支持邻居通告和邻居请求报文的接收和发送，以取代 ARP 实现地址解析和重复探测。

5.4.2　仿真设置

参考"IPv6 双栈协议仿真实例.pkt"，建立如图 5 - 14 所示的拓扑图，左边为运行 IPv6

协议网络，中间为 IPv6/IPv4 双协议栈网络，右边为运行 IPv4 协议网络。

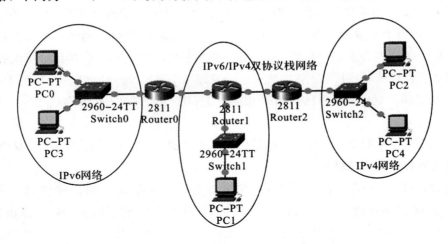

图 5-14　IPv6/IPv4 双协议栈网络仿真拓扑图

IP 地址分配如表 5-6 所示。

表 5-6　IP 地址分配

设　备	接　口	IP 地址	默认网关	IPv6 地址
Router0	fa0/0			1002::1/64
	fa0/1			1001::1/64
Router1	fa0/0	192.168.1.1		1003::1/64
	fa0/1			1002::2/64
	fa1/0	192.168.2.1		
Router2	fa0/0	192.168.2.2		
	fa0/1	192.168.3.1		
PC0	fa0			自动配置
PC1	fa0	192.168.1.2	192.168.1.1	自动配置
PC2		192.168.3.2	192.168.3.1	

双协议栈配置如下：

```
Router0 配置：
Router>
Router>en
Router#conf t
Enter configuration commands, one per line. End with CNTL/Z.
Router(config)#hostname R0
R0(config)#
R0(config)#ipv6 unicast-routing    //开启 IPv6 单播路由功能
```

```
R0(config) # int fa0/0
R0(config – if) # ipv6 address 1002::1/64    //配置 fa0/0 IPv6 地址
R0(config – if) # no shut
R0(config – if) # int fa0/1
R0(config – if) # ipv6 address 1001::1/64    //配置 fa0/1 IPv6 地址
R0(config – if) # no shut
R0(config – if) # int fa0/0
R0(config – if) # ipv6 rip RIP1 enable        //在 fa0/0 上启用 RIP 协议(RIPng)
R0(config – if) # int fa0/0
R0(config – if) # ipv6 rip RIP1 enable        //在 fa0/1 上启用 RIP 协议(RIPng)
```

Router1 工作在双协议栈区，除了按以上方法对其进行 IPv6 地址和路由的配置外，还应进行 IPv4 地址和路由的配置。

```
Router0 配置：
Router>
Router>en
Router # conf t
Router(config) # hostname R1
R1(config) #
R1 # conf t
R1(config) # ipv6 unicast – routing
R1(config) # int fa0/0
R1(config – if) # ipv6 address 1003::1/64
R1(config – if) # ip address 192.168.1.1 255.255.255.0
R1(config – if) # no shut
R1(config) # int fa0/1
R1(config – if) # ipv6 address 1002::2/64
R1(config – if) # no shut
R1(config) # int fa1/0
R1(config – if) # ip address 192.168.3.1 255.255.255.0
R1(config – if) # no shut
Router(config) # route rip                //启用 IPv4 RIP 协议
Router(config – router) # network 192.168.1.0
Router(config – router) # network 192.168.2.0
Router(config – router) # exit
```

5.4.3　实例分析

启动"IPv6/IPv4 双协议栈实例分析. pkt"，在 Simulation(模拟)模式下，设置"Event List Filters"(事件列表过滤器)，只选择"ICMPv6"。从 IPv6 区域的 PC0 对双协议栈区域的 PC1 进行 ping 操作，结果如图 5-15 所示，说明网络连通性正常。

```
Packet Tracer PC Command Line 1.0
PC>ping 1003::202:17FF:FE0D:2396

Pinging 1003::202:17FF:FE0D:2396 with 32 bytes of data:

Reply from 1003::202:17FF:FE0D:2396: bytes=32 time=1ms TTL=126
Reply from 1003::202:17FF:FE0D:2396: bytes=32 time=0ms TTL=126
Reply from 1003::202:17FF:FE0D:2396: bytes=32 time=12ms TTL=126
Reply from 1003::202:17FF:FE0D:2396: bytes=32 time=12ms TTL=126

Ping statistics for 1003::202:17FF:FE0D:2396:
    Packets: Sent = 4, Received = 4, Lost = 0 (0% loss),
Approximate round trip times in milli-seconds:
    Minimum = 0ms, Maximum = 12ms, Average = 6ms
```

图 5-15　连通性测试

从运行结果看出，双协议栈区域的 PC1 可以顺利地与 IPv6 区域的主机双向互通，也可与 IPv4 区域的主机双向互通。进一步，还可以观察 IPv6 数据包的格式，如图 5-16 所示。

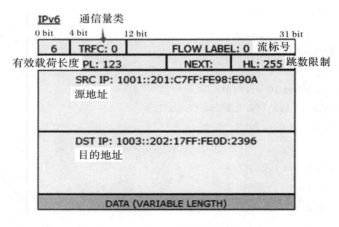

图 5-16　IPv6 数据报格式

IPv6 数据包由头部和负载两个主要部分组成。IPv6 报头是必选报文头部，长度固定为 40 B，包含该报文的基本信息：包的前 64 bit 包含协议版本(4 bit)，通信量类(TRFC，8 bit，包优先级)，流标记(FLOW LABEL，20 bit，QoS 服务质量控制)，载荷长度(16 bit)，下一个头部(8 bit，用于入栈解码，类似 IPv4 中的协议号)和跳段数限制(HL，8 bit，生存时间，相当于 IPv4 中的 TTL)；后面是各 16 B 的 IPv6 源地址和目的地址。IPv6 负载部分中，MTU 至少长 1280 B，在常见的以太网环境中为 1500 B。负载在标准模式下最大可为 65 535 B，但如果在扩展报头设置了"jumbo payload"选项，则负载长度值被置为 0。

双栈机制容易实现，但设备必须支持两种寻址协议(IPv4 和 IPv6)，这使得路由表长度大幅增加，并且增加了建立路由表的时间。

1. 支持 IPv4 的园区网要想升级为支持 IPv6/IPv4 双栈的网络，需要从哪些方面考虑？
2. 双栈协议中，当链路层收到数据包后，将检查 IP 包头，那么如何判断此数据包是用 IPv4 栈还是用 IPv6 栈来处理？
3. 双栈节点是否支持隧道方式？

5.5　IPv6/IPv4 隧道技术仿真实例

5.5.1　理论知识

在 IPv6 发展初期，必然有许多局部的纯 IPv6 网络，这些 IPv6 网络被 IPv4 骨干网络隔离开来，为了使这些孤立的"IPv6 岛"互通，需要采取隧道技术。隧道技术就是将 IPv6 数据包作为数据封装在 IPv4 数据包里，使 IPv6 数据包能在已有的 IPv4 基础设施（主要是指 IPv4 路由器）上传输的机制。隧道对于源站点和目的站点来说是透明的，在隧道的入口处，路由器将 IPv6 的数据分组封装在 IPv4 中，该 IPv4 分组的源地址和目的地址分别是隧道入口和出口的 IPv4 地址，在隧道出口处，再将 IPv6 分组取出转发给目的站点。隧道技术的优点在于隧道的透明性，IPv6 主机之间的通信可以忽略隧道的存在，隧道只起到物理通道的作用。隧道技术在 IPv4 向 IPv6 演进的初期应用非常广泛，但是，隧道技术不能实现 IPv4 主机和 IPv6 主机之间的通信。其原理如图 5－17 所示。

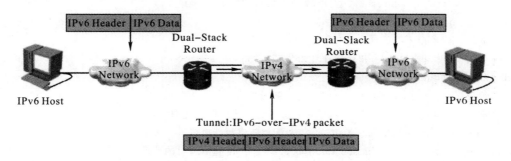

图 5－17　IPv6/IPv4 隧道机制原理

5.5.2　仿真设置

打开"IPv6 隧道技术仿真实例.pkt"，建立仿真拓扑图如图 5－18 所示，IP 地址分配表如表 5－6 所示。图中，左下角、右下角分别为 IPv6 网络的两个区域，利用隧道技术在 IPv4 网络间通信。

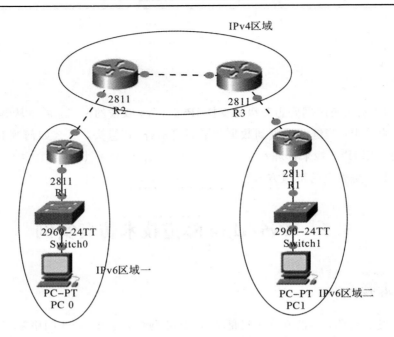

图 5-18　IPv6/IPv4 隧道技术仿真拓扑图

隧道技术配置(手动隧道)如下：

```
R1 配置
Router>en
Router#conf t
Router(config)#hostname R1
R1(config)#ipv6 unicast-routing          //开启 IPv6 单播功能
R1(config)#int fa0/1
R1(config-if)#ipv6 address 1000::1/64    //端口配置 IPv6 地址
R1(config-if)#no shut
R1(config-if)#int fa0/0
R1(config-if)#ip address 192.168.1.1 255.255.255.0
R1(config-if)#no shut
R1(config-if)#interface tunnel 0         //定义隧道接口 0
R1(config-if)#ipv6 address 1002::1/64      //配置隧道 IPv6 地址
R1(config-if)#tunnel source fa0/0        //配置隧道源端接口
R1(config-if)#tunnel destination 192.168.2.2     //配置隧道目的地址
R1(config-if)#tunnel mode IPv4ip             //定义隧道封装类型为 IPv4IP
R1(config-if)#exit
R1(config)#ip route 192.168.2.0 255.255.255.0 192.168.1.1   //配置静态路由
R1(config)#int fa0/0
R1(config-if)#ipv6 rip RIP1 enable       //在 int fa0/0 口启用 rip
R1(config-if)#int fa0/1
R1(config-if)#ipv6 rip RIP1 enable         //在 int fa0/1 口启用 rip
```

```
R1(config)#interface tunnel 0
R1(config-if)#ipv6 rip RIP1 enable        //在 tunnel0 启用 rip


R2 配置
Router>
Router>en
Router(config)#hostname R2
R2(config)#int fa0/0
R2(config-if)#ip address 192.168.1.2 255.255.255.0
R2(config-if)#no shut
R2(config-if)#int fa0/1
R2(config-if)#ip address 200.1.1.1 255.255.255.0
R2(config-if)#no shut
R2(config-if)#exit
R2(config)#ip route 192.168.2.0 255.255.255.0 200.1.1.2    //静态路由配置
```

R3、R4 配置方法与 R1、R2 类似，在此不再赘述。

5.5.3　实例分析

参考"IPv6/IPv4 隧道技术实例分析.pkt"，建立如图 5-18 所示的拓扑图，从 IPv6 区域一的 PC0 对 IPv6 区域二的 PC1 进行 ping 操作，结果如图 5-19 所示，说明 IPv6 区域一的主机能利用隧道技术顺利透过传统的 IPv4 网络与另一 IPv6 区域的主机建立联系。

```
PC>ping 1003::2D0:BAFF:FEAA:4517

Pinging 1003::2D0:BAFF:FEAA:4517 with 32 bytes of data:

Reply from 1003::2D0:BAFF:FEAA:4517: bytes=32 time=11ms TTL=126
Reply from 1003::2D0:BAFF:FEAA:4517: bytes=32 time=1ms TTL=126
Reply from 1003::2D0:BAFF:FEAA:4517: bytes=32 time=0ms TTL=126
Reply from 1003::2D0:BAFF:FEAA:4517: bytes=32 time=11ms TTL=126

Ping statistics for 1003::2D0:BAFF:FEAA:4517:
    Packets: Sent = 4, Received = 4, Lost = 0 (0% loss),
Approximate round trip times in milli-seconds:
    Minimum = 0ms, Maximum = 11ms, Average = 5ms
```

图 5-19　连通性测试

在 Simulation(模拟)模式下，设置"Event List Filters"(事件列表过滤器)，只点选 ICMPv6，观察 IPv6 数据报如何透过隧道进行传送，ICMPv6 报文到达 R1 后，R1 的输入和输出报文如图 5-20 所示。

从图 5-20 中可以看出，隧道技术直接将 IPv6 报文封装在 IPv4 报文中，即 IPv6 报文作为 IPv4 报文的净载荷。当 IP 报文到达隧道的另一端后，IPv4 首部将被去掉，剩下载荷部分，在 IPv6 网络中传送，实现 IPv6 网络间的通信。

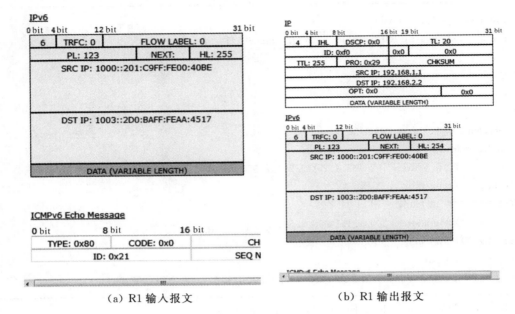

（a）R1 输入报文　　　　　　（b）R1 输出报文

图 5-20　R1 输入和输出报文

1. 隧道技术能否实现 IPv4 主机与 IPv6 主机的直接通信？
2. 隧道技术是否要使用双栈协议？
3. 隧道代理有什么作用？
4. IPv6 隧道有哪些类型？有哪些配置方法？

第 6 章

综合实践应用仿真实例

本章实例针对网络工程中的实际应用，对网络综合实践项目进行模拟演练，包括验证、测试、设计、纠正和创新，实践按项目和工程展开，根据其实施流程，逐步完成项目的实施。本实例的目的是强化学生的实践操作能力，培养学生的实际应用和项目经验，从而提高学生理论联系实际、创新和学以致用的能力。

6.1　小型局域网设计

本实例的目的是让学生灵活地掌握小型局域网络的设计、建立、应用基本配置、测试连通性等综合技能，掌握网络设计基础知识，熟悉 IP 地址规划、子网划分、设备类别选型及技术配置，掌握网络设备的配置过程和排除故障的技术。

6.1.1　项目需求

需要完成一个小型的局域网，建立如图 6-1 所示的拓扑图。网络由两个子网构成，其中左侧的子网 A 要求容纳 100 台主机，右侧的子网 B 要求容纳 50 台主机，两个子网分别连接交换机 S1 和 S2，S1 和 S2 之间通过路由器 R0 进行连接。可以分配的网络地址空间为 192.168.1.0/24。项目实例文件见"小型局域网设计实例.pkt"。

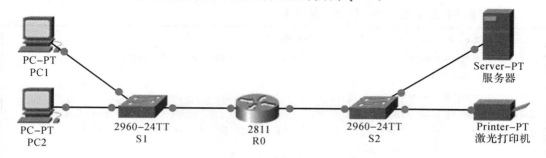

图 6-1　小型局域网仿真拓扑图

6.1.2　设计及仿真分析

1. 设计编址方案

1）子网 A 编址

将可分配的地址空间划分子网，以供 100 台主机使用。将第 1 个可用的 IP 地址分配给

R0 的 Fa0/0 接口,将第 2 个可用的 IP 地址分配给 PC1,将子网中最后一个可用的 IP 地址分配给 PC2。

2)子网 B 编址

将剩余地址空间划分子网,以供 50 台主机使用。将第 1 个可用的 IP 地址分配给 R0 的 Fa0/1 接口,将第 2 个可用的 IP 地址分配给激光打印机,将子网中最后一个可用的 IP 地址分配给服务器。IP 地址设置可以参考本书 3.2 节的方法,得到地址分配如表 6-1 所示。

表 6-1 IP 地址分配

设 备	接 口	IP 地址	子网掩码	默认网关
Router0	fa0/0	192.168.1.1	255.255.255.128	不适用
Router0	fa0/1	192.168.1.129	255.255.255.192	不适用
PC1	fa0	192.168.1.2	255.255.255.128	192.168.1.1
PC2	fa0	192.168.1.126	255.255.255.128	192.168.1.1
打印机	fa0	192.168.1.130	255.255.255.192	192.168.1.129
服务器	fa0	192.168.1.190	255.255.255.192	192.168.1.129

2. 设备配置

在实际配置过程中,一般是通过命令行的方式进行设置的,所以,在连接好设备后,需要对不同的设备进行设置,具体配置过程如下:

1)PC 及打印机的配置

可以分别进入各 PC 的 CLI(Command Line Interface)界面,用"ip address"命令,按表 6-1 进行配置,也可以直接在 Config 菜单中对各 PC 进行配置。

2)路由器的配置

(1)更改路由器名称。

Router(config)♯hostname R1

(2)配置 R1 路由器口令、标语、描述等。

```
R1(config)♯enable secret class   //特权执行加密口令
R1(config)♯Banner motd && Authorized Access Only //标语为仅限授权访问
R1(config)♯line console 0
R1(config-line)♯password cisco
R1(config-line)♯login //配置控制台口令
R1(config)♯line vty 0 4 //路由器允许 0~4 号用户同时进行 Telnet 登录
R1(config-line)♯password cisco
R1(config-line)♯login //配置 Telnet 线路口令
```

Cisco 的设备管理有很多种方式,如 Console、HTTP、TTY、VTY(Virtual Teletype Terminal)或其他网管软件,其中远程管理较为常用的一种方式是 VTY 方式。VTY 在 Cisco 的不同系列产品中,都有一定数量的 VTY 线路可用,但具体数目则不尽相同。假设路由器上有 5 个 VTY 口,分别为 0~4,如果想同时配置这 5 个端口,就使用"line vty 0 4"命令,这里 line 是进入行模式的命令,Console、AUX、VTY、TTY 都是行模式的接口,需要用 line 进行配置。

（3）配置 R1 路由器接口。

```
R1(config)♯interface fastEthernet 0/0
R1(config-if)♯ip address 192.168.1.1 255.255.255.128  //配置 R1 的 fa0/0 接口的 IP 地址
R1(config-if)♯no shutdown //开启 Fa0/0 接口
R1(config-if)♯description Link to PC LAN //配置 fa0/0 的接口描述
R1(config)♯interface fastEthernet 0/1
R1(config-if)♯ip address 192.168.1.129 255.255.255.192  //配置 R1 的 fa0/1 接口的 IP 地址
R1(config-if)♯no shutdown //开启 fa0/1 接口
R1(config-if)♯description link to Server && Printer //配置 fa0/1 的接口描述
```

3．测试

打开 PC，选择"Desktop"下的"Command Prompt"，在弹出的窗口中进行 ping 测试。首先在子网内部进行 ping 操作，比如从 PC1 对 PC2 进行 ping 操作，从服务器对打印机进行 ping 操作，然后在子网间进行 ping 操作，比如从 PC1 对服务器进行 ping 操作。

如果出现错误，则再次 ping，确保 ARP 表得到更新。如果仍然出现错误，则要进一步检查子网划分、电缆和 IP 地址，找出问题并解决。

6.2　IP 电话仿真实例

6.2.1　理论知识

1．IP 电话

VoIP(Voice over Internet Protocol)电话是指按照国际互联网协议规定的网络技术内容开通的电话业务，中文翻译为互联网电话或者网络电话。VoIP 电话的语音传输服务是通过 Internet 网进行的，利用 Internet 作为媒介进行语音传输。作为一种新的语音通信技术，VoIP 电话的特点之一是通信费用低廉，所以也有人称其为经济电话或者廉价电话。

狭义的 IP 电话就是指在 IP 网络上打电话，所谓"IP 网络"就是"使用 IP 协议的分组交换网"的简称；广义的 IP 电话则不仅仅是电话通信，还可以是在 IP 网络上进行交互式的多媒体实时通信（包括话音、视像等），甚至还包括即时传信(Instant Messaging，IM)。

IP 电话的通话质量主要由两个因素决定：一个是通话双方端到端的时延和时延抖动，另一个是话音分组的丢失率。但这两个因素不是确定的，它们取决于当时网络上的通信量。经验证明，在电话交谈中，端到端的时延不应超过 250 ms，否则交谈者就会感到不自然。

2．实时传输协议

实时传输协议(Real-time Transport Protocol，RTP)是 IETF 提出的一个标准，对应的 RFC 文档为 RFC3550(RFC1889 为其过期版本)。RFC3550 不仅定义了 RTP，还定义了配

套的实时传输控制协议(Real-time Transport Control Protocol,RTCP)。

　　RTP 为实时应用提供端到端的运输,但不提供任何服务质量的保证。多媒体数据块经压缩编码处理后,先送给 RTP 封装成为 RTP 分组,再装入运输层的 UDP 用户数据报,然后再交给 IP 层。RTP 是一个协议框架,它只包含了实时应用的一些共同的功能。RTP 自己并不对多媒体数据块做任何处理,只是向应用层提供一些附加信息,让应用层知道应当如何进行处理。

6.2.2　仿真设置

　　网络电话 VoIP 是通过 UDP 来进行数据传输的,参考"VoIP 仿真实例. pkt",构建如图 6-2 所示的拓扑来对 VoIP 进行仿真。

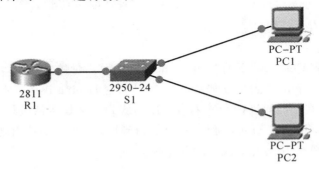

图 6-2　语音电话仿真拓扑图

本实例运用 Packet Tracer 中 PC 的 VoIP 功能来进行实验。

1) 配置 PC 机和交互机

(1) 把主机的 IP 地址都设为 DHCP 获取,然后配置交换机 S1 的 3 个接口都为 voice vlan。

(2) 将交换机所连接 IP Phone 的接口加入 voice vlan 中。

```
Switch#conf t
Switch(config)#hostname S1
S1(config)#interface FastEthernet0/1
S1(config-if-range)#switchport mode access
S1(config-if-range)#switchport voice vlan 1
S1(config)#spanning-tree portfast
S1(config)#interface FastEthernet0/2
S1(config)#switchport mode access
S1(config-if-range)#switchport voice vlan 1
S1(config-if-range)#spanning-tree portfast
S1(config)#interface FastEthernet0/3
S1(config-if-range)#switchport mode access
S1(config-if-range)#switchport voice vlan 1
S1(config-if-range)#spanning-tree portfast
```

2）配置路由器

（1）先将接口打开并配置 IP 地址。

```
Router(config)＃hostname R1
R1(config)＃interface FastEthernet0/0
R1(config)＃ip address 192.168.1.254 255.255.255.0
R1(config)＃no showdown
```

（2）将路由器模拟成 DHCP 服务器，为 IP Phone 动态分配地址。

```
R1(config)＃ip dhcp pool DHCP
R1(dhcp－config)＃network 192.168.1.0 255.255.255.0
R1(dhcp－config)＃default－router 192.168.1.254
R1(dhcp－config)＃option 150 ip 192.168.1.254
        //利用 DHCP 包中的 150 选项将 TFTPIP 带给 DHCP 客户端
R1(config)＃ip dhcp excluded－address 192.168.1.254
```

3）配置路由器的电话服务功能

（1）配置相关参数。

```
R1(config)＃telephony－service
R1(config－telephony)＃max－ephones 10    //定义能够注册的最大语音电话数
R1(config－telephony)＃max－dn 10         //定义能够注册的最大电话线路数
R1(config－telephony)＃ip source－address 192.168.1.254 port 2000
        //客户用来注册请求的地址，默认端口是 2000
R1(config－telephony)＃ create cnf－files    //告诉 IP 电话来这里下载 cnf 文件
```

（2）配置 IP 电话号码。

```
R1(config)＃ephone－dn 1         //配置逻辑电话目录号
R1(config－ephone－dn)＃number 120
R1(config)＃ephone－dn 2
R1(config－ephone－dn)＃number 110
```

（3）配置 IP 电话的通信线路绑定电话机和号码（根据 MAC 地址）。

```
R1(config)＃ephone 3    //配置电话物理参数
R1(config－ephone)＃mac－address 00D0.D3A7.8E63    //绑定 IP 电话的 MAC 地址
R1(config－ephone)＃type CIPC    //IP 电话类型为软电话（CIPC）
R1(config－ephone)＃button 1:1 //前一个数字代表按钮号，后一个数字代表号码号
R1(config)＃ephone 4
R1(config－ephone)＃mac－address 0004.9A59.6443
R1(config－ephone)＃type CIPC
R1(config－ephone)＃button 1:2
```

6.2.3　实例分析

完成以上配置后，将 PC1 的电话号码设定为 110，PC2 的电话号码设定为 120，然后尝试用一台电话去呼叫另一台电话，单击"PC1"和"PC2"，进入"Desktop/IP Communicator"，运行结果如图 6-3 所示。

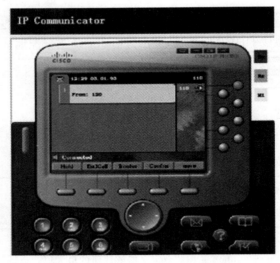

图 6-3　PC2 演示结果

打开传送的 UDP 进行分析，如图 6-4 所示。由图中可见两台电话机之间进行了数据的交互，RTP 详细说明了在互联网上传递音频和视频的标准数据包格式，用来为 IP 网上的语音、图像、传真等多种需要实时传输的多媒体数据提供端到端的实时传输服务，并为 Internet 上端到端的实时传输提供时间信息和流同步，但 RIP 并不保证服务质量，服务质量由 TCP 来提供。

Vis.	Time(sec	Last Device	At Device	Type	Info
	150.012	--	PC3	RTP	■
	150.013	PC3	Switch0	RTP	■
	150.013	--	PC2	RTP	■
	150.014	PC2	Switch0	RTP	■
	150.014	Switch0	PC2	RTP	■
	150.015	Switch0	PC3	RTP	■
	165.012	--	PC3	RTP	■
	165.013	PC3	Switch0	RTP	■
	165.013	--	PC2	RTP	■

图 6-4　UDP 连接过程数据包抓取图表

当我们打开抓获的数据包时可以看到实现传输的是 UDP，具体数据包如图 6-5 所示，可以观察到，语音数据包被封装成 UDP 段的 PDU，即 IP 电话是使用 UDP 来进行通信传输的。UDP 用来支持包括网络视频会议系统在内的众多客户端/服务器模式的网络应用。

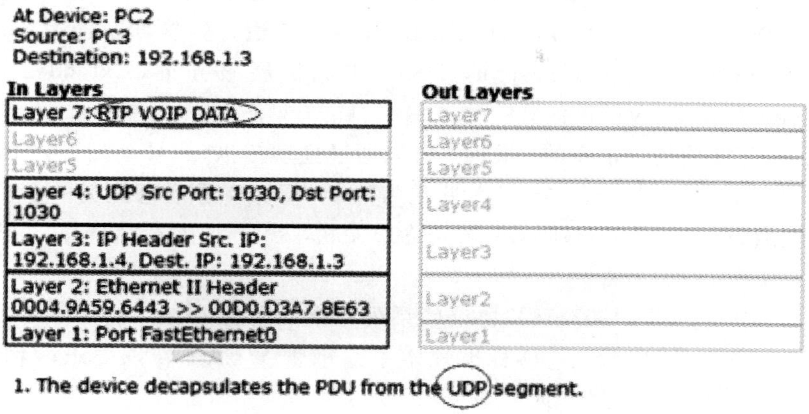

```
At Device: PC2
Source: PC3
Destination: 192.168.1.3

In Layers                               Out Layers
Layer 7: RTP VOIP DATA                  Layer7
Layer6                                  Layer6
Layer5                                  Layer5
Layer 4: UDP Src Port: 1030, Dst Port:  Layer4
1030
Layer 3: IP Header Src. IP:             Layer3
192.168.1.4, Dest. IP: 192.168.1.3
Layer 2: Ethernet II Header             Layer2
0004.9A59.6443 >> 00D0.D3A7.8E63
Layer 1: Port FastEthernet0             Layer1

1. The device decapsulates the PDU from the UDP segment.
```

图 6-5　UDP 连接数据包状态分析图

6.3　无线网络仿真实例

6.3.1　理论知识

1. 无线网络

无线网络(Wireless Network)是指无须布线就能实现各种通信设备互连的网络。无线网络技术涵盖的范围很广，既包括允许用户建立远距离无线连接的全球语音和数据网络，也包括为近距离建立无线连接的红外线及射频技术。无线网络一般被应用在使用电磁波的遥控信息传输系统，像使用无线电波作为载波和物理层的网络，如 LTE、WiMax、CDMA2000 等。

根据网络覆盖范围的不同，可以将无线网络划分为无线广域网(Wireless Wide Area Network，WWAN)、无线局域网(Wireless Local Area Network，WLAN)、无线城域网(Wireless Metropolitan Area Network，WMAN)和无线个人局域网(Wireless Personal Area Network，WPAN)。无线广域网是基于移动通信基础设施，由网络运营商(如中国移动、中国联通等)运营，覆盖一个城市乃至整个国家的通信服务。无线局域网则专注于短距离范围之内的无线接入，它的网络连接能力非常强大，可以为用户提供便捷的接入体验。

2. 无线局域网

1) 网络构成

WLAN 应用无线通信技术将计算机设备互连起来，构成可以互相通信和实现资源共享的网络体系，它有两种工作模式：

(1) 自组织(Ad-hoc)模式：没有接入点(Access Point，AP)，由独立基本服务集(Independent BSS，IBSS)构成，站点(Station，STA)间直接通信，每个 STA 通过适配器卡、PC Card 等实现无线连接。

(2) 基础架构(Infrastructure)模式：有 AP，由基本服务集(Basic Service Set，BSS)构

成,每个 BSS 包括一个 AP 和多个 STA,STA 通过 AP 接入到骨干网络。每个 STA 需要分配一个标识符(Service Set Identifier,SSID)和一个信道。多个 BSS 通过 port 连接到一个主干分配系统(Distribution System,DS),构成扩展服务集(Extended Service Set,ESS),支持各 AP 间 STA 的漫游。

当某个 STA 漫游到一个新的 AP 时,可以通过主动扫描(或被动扫描)的形式,与 AP 进行关联(Association);当某一个 STA 要把与某个 AP 的关联转移到另一个 AP 时,就可以使用重建关联(Reassociation)服务;若要终止关联,就应使用分离(Dissociation)服务。

2) IEEE 802.11 协议族

目前最常用的是 IEEE 802.11X 协议族系列标准,包括 802.11a、802.11b、802.11g、802.11n 等,如表 6-2 所示。这些标准规定了适用于 WLAN 特殊要求的物理和介质接入层。

表 6-2　802.11 协议族

标准号	802.11	802.11b/a	802.11g	802.11n	802.11ac	802.11ax
工作频率/GHz	2.4	2.4/5	2.4	2.4/5	5	2.4/5/6
PHY 技术	FHSS, DSSS	DSSS/CC, OFDM, 64QAM	DSSS/CCK, OFDM, 64QAM	OFDM, 64QAM	OFDM, 256QAM	OFDM, 1024QAM
空间流数	1	1	1	4	8(实际 4)	8
信道带宽/MHz	20	20	20	40	160	160
峰值速率/(b/s)	2 M	11 M /54 M	54 M	600 M	6.9 G	9.6 G

物理层主要是定义了无线协议的工作频段、调制编码方式及最高速率,包括 MIMO、OFDM 等技术;MAC 层主要规定了一些 MAC 协议,如 CSMA/CA。

无线局域网是以 IEEE 学术组织的 IEEE 802.11 技术标准为基础,这也就是 WiFi 网络。目前 WiFi 标准正持续向 WiFi 6 等更高速率、更多业务的标准演进。

3) MAC 协议

802.11 帧主要有 3 种类型:数据帧、控制帧和管理帧。数据帧负责在工作站之间传输数据,其形式可能因网络环境而异;控制帧通常与数据帧搭配使用,负责区域清空、信道获取、载波监听以及在数据接收时提供确认应答,从而提升数据传输的可靠性;管理帧负责监督,主要负责处理无线网络的加入、退出以及转移站点间连接的事务。

MAC 层通过协调功能来确定在基本服务集 BSS 中的 STA 在何时能发送或接收数据。由于 WLAN 通过射频无线电波传送信号,且 STA 无法在同一时刻接收和发送数据,因此使用载波侦听/冲突避免(Carrier Sense Multiple Access with Collision Avoidance,CSMA/CA)而不是采用以太网中使用的载波侦听/冲突检测(Carrier Sense Multiple Access with Collision Detection,CSMA/CD)作为信道接入机制。值得注意的是,尽管 CA 表示碰撞避免，但它并不能完全杜绝碰撞，而是旨在降低碰撞发生的概率。

　　在 CSMA/CA 协议中，站点在发送数据前会首先侦听信道状态。若侦听到信道空闲，即确认没有其他站点正在发送数据，站点会选择一个随机退避时段并持续侦听信道；若在该退避时段内信道保持空闲，则站点会开始传输数据。然而，若侦听到信道忙碌，即有其他传输正在进行，站点会延迟发送并等待当前传输结束；之后，站点会再次选择一个随机退避时间，并在此期间继续侦听信道。如果信道在退避时间内依然空闲，站点将开始其数据传输。引入退避机制是为了避免多个站点在信道空闲后立即同时发送数据，从而减小碰撞发生的可能性。

　　802.11 协议采用两种载波侦听技术来判断介质状态：物理载波侦听通过信道空闲评估（Clear Channel Assessment，CCA）实现，包括功率检测和信号检测；虚拟侦听则依赖于网络分配向量（Network Allocation Vector，NAV），用于告知其他站点即将占用信道的时间。只要任一侦听方指示介质正忙，则介质被视为不可用。

　　在 CSMA/CA 中，为避免冲突，引入了"RTS-CTS 握手"机制。发送方在发送数据帧前，会先向接收方发送一个短小的 RTS（Request To Send）帧，并等待接收方的 CTS（Clear To Send）帧作为回应。一旦收到 CTS 帧，发送方才开始传送数据。这种方法显著降低了无线通信环境中"隐藏终端"和"暴露终端"问题导致的冲突风险。

3. Cisco Packet Tracer 支持的无线设备

　　Cisco Packet Tracer 软件提供的无线设备主要是无线网卡、无线 AP、无线路由器以及 HWIC - AP - B 无线路由器模块等。

　　1）无线网卡

　　Cisco Packet Tracer 提供的支持无线功能的设备基本上都默认使用以太网卡，设备使用网卡的时候需要进行手工切换，无线网卡的切换需要在设备关闭的情况下进行。这些设备支持 3 种无线网卡，分别是 5 GHz 的 PT - HOST - NM - 1W - A、2.4 GHz 的 PT - HOST - NM - 1W 和 Linksys - WMP300N，如图 6 - 6 所示。

The Linksys-WMP300N module provides one 2.4 GHz wireless interface suitable for connection to wireless networks. The module supports protoclols that use Ethernet for LAN access.

The PT-HOST-NM-1W module provides one 2.4 GHz wireless interface suitable for connection to wireless networks. The module supports protoclols that use Ethernet for LAN access.

The PT-HOST-NM-1W-A module provides one 5 GHz wireless interface suitable for connection to wireless 802.11a networks. The module supports protoclols that use Ethernet for LAN access.

图 6 - 6　Packet Tracer 提供的 3 种无线网卡

　　2）无线 AP

　　无线 AP 是无线局域网中用来接收数据和发送数据的设备，其覆盖范围可以达到 300 m。现实当中的无线 AP 都支持多用户接入、数据加密、多速率发送等功能，但是 Cisco Packet Tracer 提供的无线 AP 功能相对有限，只有 Access Point - PT 和 Access

Point - PT - N 两种类型的 AP，主要用于连接安装了 Linksys - WMP300N 或者 PT - HOST - NM - 1W 无线网卡的移动设备，支持频率为 2.4 GHz，Access Point - PT - A 类型的 AP 用于连接安装了 PT - HOST - NM - 1W - A 无线网卡的移动设备，支持的频率为 5 GHz。无线 AP 需要配置的参数有：端口是否开启、端口的速率和工作模式、相关的 SSID 名称、对应的认证方式和相关的加密方式等，我们需要在客户机上选择相应的模式才能和无线 AP 建立连接通信。

　　3）无线路由器

　　无线路由器可以看成是无线 AP 与有线路由器的结合体，它集成了无线 AP 的接入功能和有线路由器的路由选择功能。通过无线路由器可以实现无线网络中的 Internet 连接共享、ADSL、Cable Modem 和小区宽带的无线共享接入等功能。Cisco Packet Tracer 提供了一种无线路由器 Linksys - WRT300N，该路由器提供了一个 Internet 接口和四个局域网接口，这些接口不能更改和添加。Linksys - WRT300N 路由器的配置当中可以设置 Internet 的接入方式，有 DHCP、静态 IP 以及 PPPoE 拨号 3 种方式，可以根据自己的设计选择具体的模式。

　　在实际的应用当中常常需要将无线局域网和有线局域网进行连接，或者将一定数量的计算机进行无线连接，一般采用以无线 AP 为中心的基础架构模式进行组网，下面将使用该结构进行无线局域网的搭建和仿真。

6.3.2　设置与分析

　　本实例构成一个由 AP 和无线路由器组成的无线局域网。PC1、Laptop1、AP1 构成 Network1，PC2、Laptop2、AP2 构成 Network2，它们分别可以看成一个 BSS，二者合起来可以看成一个 ESS。参考"无线局域网仿真实例.pkt"，建立如图 6 - 7 所示的拓扑图。

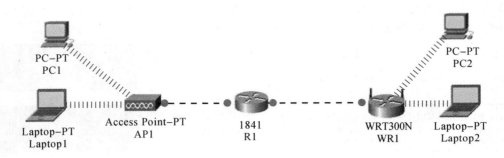

图 6 - 7　无线 AP+无线路由器仿真局域网示意图

1. PC 机的配置

　　为了实现无线通信，需要为 PC 机配置无线网卡。在 Cisco Packet Tracer 中，根据设计图拉拽对应的设备，将 4 台 PC 机的以太网卡更换为型号为 WMP300N 的无线网卡，当然，还有 PT - HOST - NM - 1W 等型号的无线网卡可供选择。配置过程如图 6 - 8 所示：关闭 PC 电源，然后移除原来的以太网卡，将无线网卡拖入原来的卡槽位置，然后将电源打开，可以看到无线信道连接到了路由器上。

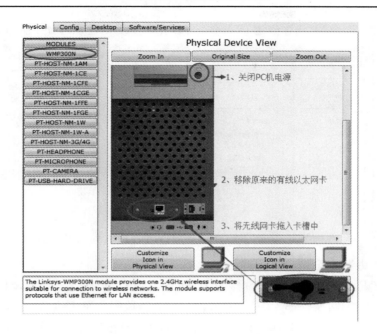

图 6 - 8　无线网卡的增删过程

为了保证能够连接到附近的 AP 上，可以进入"Desktop/Wireless PC/Connect"菜单，选择信号强的 AP 进行连接，如图 6 - 9 所示。

图 6 - 9　PC 机选择网络的过程

2. 无线 AP 的设置

开启 AP 无线端口，设置 SSID 和密码，选择加密类型为 AES，然后在 PC 端选择对应的 SSID，填入密码，选择认证方式为 WPA2 - PSK，此时 AP1 初始化后 PC 可以自动连接到无线路由器和无线 AP 上。信道 Channel 可以在 1～11 中任意选择，如图 6 - 10 所示。

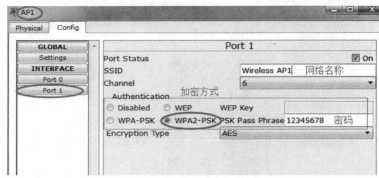

图 6 - 10　AP1 的 Port1 端口的配置

3. 无线路由器的配置

启用 DHCP 服务器，配置路由器的 IP 地址为"192.168.2.2"，局域网的 IP 地址为
"192.168.0.1"，子网掩码都为"255.255.255.0"，其他配置跟无线 AP 一样。配置路由器
fa0/0 接口的 IP 地址为"192.168.2.1"，fa0/1 接口的 IP 地址为 192.168.1.1，配置路由器
使用 RIPv2 路由协议。

4. 测试

PC1 和 Laptop1 能互相 ping 通，PC2 和 Laptop2 能互相 ping 通，PC1 和 Laptop1 能
ping 通 PC2 和 Laptop2，但是 Laptop2 和 PC2 不能 ping 通 PC1 和 Laptop1，也就是说无线
路由器的局域网内网能访问外网，但是外网不能访问无线路由器的内网，这也在一定的程
度上为无线路由器的局域网增加了一层安全保护。

1. 继续 6.3.2 节的实验，试截取一段帧，分析 802.11 的帧格式，分析地址字段的
含义。

2. IEEE 802.11 无线局域网的 MAC 协议 CSMA/CA 进行信道预约的方法是什么？

6.4　冗余技术实例

6.4.1　理论知识

在网络环境中，使用网关冗余协议，不仅能够很好地保护整个网络拓扑，而且当网络
的网关出现故障时，还能够实现智能切换，保证网关的可用性，从而确保网络的正常运行，
达到了较好的冗余效果。

1. 冗余技术

冗余技术利用一些相关协议或者物理设备，在网络链路或者设备出现故障的时候执行

备份，以保证网络的正常运行。冗余技术可以变化端口、进行智能的链路选路、自动切换链路、避免环路和实现负载均衡。在园区网某些链路或者设备发生故障的时候，冗余技术能够在最短的时间内恢复网络，保证用户体验，起到很好的容灾效果，以保证构建一个稳定、高效和可靠的网络。冗余技术的相关技术主要包括以下几种：

1）协议级冗余

协议级冗余主要通过协议保证冗余效果：对于 2 层冗余，其主要利用生成树协议和链路捆绑技术进行支撑，比如传统的生成树 STP、快速生成树 RSTP 和多生成树 MSTP，还有 LACP 链路聚合控制协议等；对于 3 层冗余，主要是利用路由协议来进行智能的选路功能，例如 OSPF 利用 SPF 算法计算整个网络拓扑最佳路径，确保整个网络环境处于无环的状态。在一个运行了 OSPF 的网络拓扑中，可以通过更改开销（Cost）的值来进行人为的控制最佳线路从而实现负载均衡，当网络链路出现故障时，数据流量就会走另外一条次优路径，从而实现网络的真正冗余。

2）网关级冗余

网关级冗余能够在网关出现故障的时候进行很好的智能切换，不需要人为手动进行调整，从而故障的时间尽可能地缩短下来。典型的网关级冗余协议有热备份路由协议（Hot Standby Routing Protocol，HSPR）和虚拟路由器选择协议（Virtual Router Redundancy Protocol，VRRP）。

3）设备级冗余

设备级冗余利用物理设备冗余备份来防止出现故障时的数据丢失，如存储介质方面的独立冗余磁盘阵列（Redundant Array of Inexpensive Disk，RAID）技术和磁盘的热备份技术。

2. HSRP

HSRP 是 Cisco 的专有协议。HSRP 把多台路由器（或者多层交换机）组成一个"热备份组"，它们使用一个网关 IP 地址，形成一个虚拟路由器。热备份组内只有一个路由器是活动（Active）的，并由它来转发数据包，当活动路由器发生故障时，备份路由器将成为活动路由器。由于允许多个路由器共享一个虚拟 IP 和 MAC 地址，所以即使某个路由器发生故障，网络内的主机也意识不到。

HSRP 共有初始化、听、说、待机、激活五种状态，其工作过程为：HSRP 路由器利用 Hello 包来互相监听各自的存在，当备份路由器长时间没有接收到 Hello 包时，就认为活动路由器故障，这时备份路由器就会成为活动路由器。HSRP 协议利用优先级决定哪个路由器成为活动路由器，如果一个路由器的优先级比其他路由器的优先级高，则该路由器成为活动路由器。路由器的默认优先级是 100。在一个组中，最多有一个活动路由器和一个备份路由器。HSRP 路由器发送的组播（224.0.0.2）消息有以下 3 种：

（1）Hello：用于通知其他路由器发送者的 HSRP 优先级和状态信息，HSRP 路由器默认每 3 s 发送一个 Hello 消息。

（2）Coup：当一个备用路由器变为一个活动路由器时发送一个 Coup 消息。

（3）Resign：当活动路由器要宕机或者当有优先级更高的路由器发送 Hello 消息时，活动路由器发送一个 Resign 消息。

6.4.2 仿真设置

本实例主要实现网关级冗余。参考"网关级冗余实例.pkt",建立如图 6-11 所示的拓扑图。由 2 台 PC、1 台 2 层交换机、2 台 3 层交换机、2 台路由器构成一个小型网络。利用在 3 层交换机上创建 VLAN,并给 VLAN 配置 IP 地址来实现用 VLAN 地址充当网关的功能。

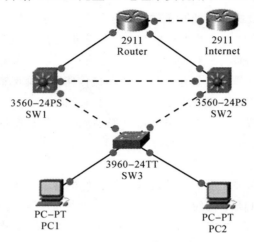

图 6-11 网关冗余拓扑图

1. IP 地址规划

IP 地址规划如表 6-3 所示。

表 6-3 IP 地址规划

设 备	接 口	IP 地址
Internet	G0/0	192.168.50.2
Router	G0/0	192.168.30.1
	G0/1	192.168.40.1
	G0/2	192.168.50.1
SW1	fa0/3	192.168.30.253
	VLAN 10	192.168.10.253
	VLAN 20	192.168.20.253
SW2	fa0/3	192.168.40.252
	VLAN 10	192.168.10.252
	VLAN 20	192.168.20.252
PC0	fa0	192.168.10.1
PC1	fa0	192.168.20.1

2. 建立 trunk

trunk 是一种用于在同一物理连接上传输多条虚拟点对点连接的技术。此处连接交换机 SW1 和 SW2,以使多条数据链路可以在同一条物理链路上同时传输。

```
SW1(config)♯in f0/2
SW1(config-if)♯switchport mode dynamic desirable
SW1(config-if)♯in f0/1
SW1(config-if)♯switchport mode dynamic desirable
SW2(config)♯in f0/1
SW2(config-if)♯switchport mode dynamic desirable
```

3. 配置 VTP 与 VLAN 同步

VTP(VLAN Trunking Protocol)是一种用于在交换机之间同步 VLAN 配置信息的协议，通过 VTP 协议，可以方便地在一个交换机上配置 VLAN，并自动同步到其他交换机上。

```
SW1(config)♯vtp mode server
SW1(config)♯vtp domain xiejf
SW1(config)♯VLAN 10
SW1(config-VLAN)♯VLAN 20
SW2(config)♯vtp mode client
SW2(config)♯vtp domain xiejf
SW3(config)♯vtp mode client
SW3(config)♯vtp domain xiejf
```

查看 SW1、SW2、SW3 的 VLAN 同步情况，分别如图 6-12～图 6-14 所示，可以看到所有 VLAN 均已同步成功，在 SW3 上将 fa0/1 划入 VLAN 10，将 fa0/2 划入 VLAN 20。

图 6-12　SW1 的 VLAN 信息

图 6-13　SW2 的 VLAN 信息

```
SW3(config)#do show vlan

VLAN Name                             Status    Ports
---- --------------------------------  --------- -------------------------------
1    default                          active    Fa0/1, Fa0/2, Fa0/5, Fa0/6
                                                Fa0/7, Fa0/8, Fa0/9, Fa0/10
                                                Fa0/11, Fa0/12, Fa0/13, Fa0/14
                                                Fa0/15, Fa0/16, Fa0/17, Fa0/18
                                                Fa0/19, Fa0/20, Fa0/21, Fa0/22
                                                Fa0/23, Fa0/24, Gig1/1, Gig1/2
10   VLAN0010                         active
20   VLAN0020                         active
1002 fddi-default                     act/unsup
1003 token-ring-default               act/unsup
1004 fddinet-default                  act/unsup
1005 trnet-default                    act/unsup
```

图 6 - 14　SW3 的 VLAN 信息

4. 配置 OSPF

在路由器和核心交换机 SW1、SW2 之间配置路由,启动 OSPF 路由交换协议。

```
SW1(config) # router ospf 1
SW1(config) # net 192.168.10.0 0.0.0.255 a 0
SW1(config) # net 192.168.20.0 0.0.0.255 a 0
SW1(config) # net 192.168.30.0 0.0.0.255 a 0
SW2(config) # router ospf 1
SW2(config) # net 192.168.10.0 0.0.0.255 a 0
SW2(config) # net 192.168.20.0 0.0.0.255 a 0
SW2(config) # net 192.168.40.0 0.0.0.255 a 0
Router(config) # router ospf 1
Router(config) # net 192.168.30.0 0.0.0.255 a 0
Router(config) # net 192.168.40.0 0.0.0.255 a 0
Router(config) # net 192.168.50.0 0.0.0.255 a 0
```

5. 配置 HSRP

针对 VLAN10,将 SW1 作为主用路由器,SW2 作为备用路由器;针对 VLAN20,将 SW2 作为主用路由器,SW1 作为备用路由器。配置命令如下:

```
SW1(config) # interface    VLAN 10
SW1(config - if) # standby 10 ip 192.168.10.254
SW1(config - if) # standby 10 priority 150
SW1(config) # interface    VLAN 20
SW1(config - if) # standby 10 ip 192.168.20.254
SW1(config - if) # standby 10 preempt
SW1(config - if) # standby 10 priority 100
SW2(config) # interface    VLAN 10
SW2(config - if) # standby 10 192.168.10.254
SW2(config - if) # standby 10 preempt
SW2(config - if) # standby 10 priority 100
SW2(config) # interface    VLAN 20
SW2(config - if) # standby 10 ip 192.168.20.254
SW2(config - if) # standby 10 priority 150
```

6.4.3 实例分析

配置完后查看状态,可使用命令"show standby bri"来查看 HSRP 的状态和虚拟 IP 的分配情况,还可以使用关闭上行口,进行 Active 的切换。如图 6-15 所示,可以看到在 SW1 上,VLAN10 的状态为 Active,即 SW1 为主用路由器;VLAN20 的状态为 Standby,即 SW1 为备用路由器。在 SW2 上,VLAN10 的状态为 Standby,即 SW2 为备用路由器;VLAN20 的状态为 Active,即 SW2 为主用路由器。

```
SW1#show standby br

                  P indicates configured to preempt.
                  |
Interface  Grp  Pri P State    Active          Standby          Virtual IP
Vl1        1    150 P Active   local           192.168.1.252    192.168.1.254
Vl1        10   150 P Active   local           192.168.10.252   192.168.10.254
Vl2        20   100 P Standby  192.168.20.252  local            192.168.20.254

Vl1        10   100 P Standby  192.168.10.253  local            192.168.10.254
Vl2        20   150 P Active   local           192.168.20.253   192.168.20.254
SW2#
```

图 6-15 HSRP 状态

把 PC0 的网关配置为虚拟 IP 192.168.10.254,此时它的主用路由器是 SW1,此时将 SW1 的链路断掉或者将 SW1 电源关掉,可以看到网关会迅速切换到备用路由器 SW2 上,从而实现了网关的冗余。

备用路由器会监听周期性的 Hello 消息,当主用路由器或路由器间的链路发生故障时,备用路由器就无法收到主用路由器发送过来的 Hello 包,此时备用路由器就会充当主用路由器的角色,由于这个新的主用路由器使用了虚拟路由器的 IP 地址和 MAC 地址,所以网关依旧可用,从而实现了智能切换,达到了冗余的效果。

6.5 网络安全及仿真实例

6.5.1 计算机网络安全概述

1. 数据加密模型

数据加密与解密模型如图 6-16 所示。将发送的数据进行一种特定的变换,使其对任何未掌握逆变换方法的人而言都不可理解,这种变换称为加密(Encryption)。加密前的数据被称为明文(Plaintext),加密后的数据被称为密文(Ciphertext)。加密过程表示为:$Y = E_{KA}(X)$。

通过某种逆变换将密文重新变换回明文,这种逆变换称为解密(Decryption)。解密的过程表示为:$D_{KB}(Y) = D_{KB}(E_{KA}(X)) = X$。

1) 对称密钥密码体制

对称密钥密码体制是指加密密钥与解密密钥相同的密码体制。数据加密标准(Data Encryption Standard, DES)是对称密钥密码体制的典型代表。DES 的保密性仅取决于对密

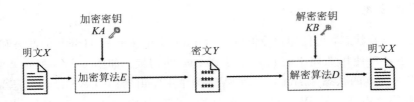

图 6-16　数据加密与解密模型

钥的保密，而算法是公开的。DES 加密算法足够复杂而且计算量大，破解 DES 只能靠穷举密钥的方法。

由于现在计算能力已经突飞猛进，标准的 DES 已经不够用了，为了解决 56 bit 的 DES 密钥太短的问题，学者们提出了三重 DES(Triple DES，3DES)。3DES 使用 3 个密钥执行 3 次 DES 算法。

高级加密标准(Advanced Encryption Standard，AES)支持 128 bit、192 bit 和 256 bit 的密钥长度，用硬件和软件都可以快速实现。AES 不需要太多内存，因此适用于小型移动设备。

2) 公钥密码体制

公钥密码体制中使用了不同的加密密钥和解密密钥，即使知道加密密钥，也无法通过计算推导出解密密钥。公钥密码体制的出现，主要归因于两方面：一是常规密钥密码体制在密钥分配和管理上的困难；二是随着网络的快速发展，各行各业对数字签名具有迫切需求。

2. 安全威胁种类及攻击方式

1) 安全威胁

(1) 截获：从网络上窃听他人的通信内容。

(2) 中断：有意中断他人在网络上的通信。

(3) 篡改：故意篡改网络上传送的报文。

(4) 伪造：伪造信息在网络上传送。

2) 网络攻击

(1) 被动攻击：攻击者通过窃听手段仅观察和分析网络中传输数据流的敏感信息，而不对其进行干扰。此类攻击不涉及对数据的更改，很难被发现。对付被动攻击主要采用各种数据加密技术。

(2) 主动攻击：更改信息和拒绝用户使用资源的攻击称为主动攻击，攻击者需要对网络中传输的数据流进行处理，包括中断、篡改、伪造、拒绝服务(Denial of Service，DoS)、恶意程序等。主动攻击更容易被检测到。

对付主动攻击不仅要采取数据加密技术、访问控制技术等预防措施，还需要采取各种检测技术及时发现并阻止攻击，同时还要对攻击源进行追踪，并利用法律手段对其进行打击。

6.5.2　网络安全协议

1. 物理层安全协议

在物理层要确保通信数据的保密性和完整性，主要通过对信道实施加密来实现。信道加密采用专门的信道加密机，该技术可为链路上的所有数据提供全面安全保护，且对上层协议保持高度透明性，几乎不产生任何影响。

由于加密覆盖了链路上传输的所有协议数据单元（PDU）的首部和数据载荷，截获者无法从 PDU 中解析出源地址和目的地址，从而有效防御了各种流量分析攻击。

信道加密机依赖于纯硬件加密技术，因此具备较高的加密和解密速度，无须传输额外数据，确保网络带宽的有效利用。

2. 链路层安全协议

链路层安全协议中，比较典型的是无线局域网中的安全协议。因为在无线通信环境下，电磁波可以在空间中辐射传播，导致任何处于无线接入点信号覆盖范围内的无线终端都能接收到其信号。这种情况容易造成网络通信被窃听，网络资源可能被非法使用。

1）WLAN 简单安全机制

802.11 无线局域网所采取的安全机制比较简单，通常采用以下 3 种机制：

（1）SSID 匹配机制：该机制基于服务集标识符（SSID）进行认证，仅当终端用户的 SSID 与接入点（AP）的 SSID 相匹配时，终端才被允许接入网络。然而，这种方式缺乏加密机制，因此无法有效防止窃听和冒充攻击。

（2）MAC 地址过滤机制：接入点（AP）通过预设的允许接入网络的 MAC 地址列表来限制访问。仅当终端的 MAC 地址与列表中的地址相匹配时，才允许接入。但这种方法提供的访问控制功能相对较弱。

（3）有线等效加密（Wired Equivalent Privacy，WEP）：网络管理员在 AP 上配置 WEP 密钥，并告知用户。用户需在无线终端上设置该密钥以接入网络。然而，WEP 存在明显的安全缺陷，如缺乏密钥分发机制、使用单一共享密钥进行鉴别和数据通信，以及所有接入同一 802.11 无线局域网的无线终端均使用相同密钥，这使其安全性大打折扣。

2）WLAN 加强安全机制

目前 802.11 无线局域网采用的加强安全机制为 WiFi 保护接入（WiFi Protected Access，WPA）协议，大多数 802.11 无线局域网都支持 WPA 和 WPA2，但建议用户尽量使用 WPA2。WPA2 是一种可扩展的鉴别机制的集合，它采用密钥分发机制，具有更强的加密算法。

3. 网络层安全协议

IPSec（IP Security）是为因特网的网络层提供安全服务的协议族，遵循 RFC 4301 和 RFC 6071 标准。它包含两种主要的工作方式：

（1）传输方式：在 IPSec 的传输方式下，传输层报文段的前后会被添加控制信息，并附上新的 IP 首部，形成 IP 安全数据报。这种方式适用于主机到主机的安全通信，如工作站到服务器的加密 Telnet 或远程桌面会话。

（2）隧道方式：在 IPSec 的隧道方式下，原始的 IP 数据报会被封装，并在其前后添加控制信息，再附上新的外部 IP 首部，形成 IP 安全数据报。这种方式需要 IPSec 数据报所经过的所有路由器都支持 IPSec 协议。隧道方式常用于构建虚拟专用网络（VPN）。

无论是传输方式还是隧道方式，IP 安全数据报的首部都是不加密的，这是为了确保路由器能够正确路由和转发这些数据包。而数据报的有效载荷部分则会被加密和鉴别，以保证数据的机密性和完整性。

4. 传输层安全协议

传输层典型的安全协议是安全套接层(Secure Socket Layer，SSL)，用于在两个通信应用程序之间提供保密性和数据完整性，如可对万维网客户与服务器之间传送的数据进行加密和鉴别。传输层安全(Transport Layer Security，TSL)协议是以 SSL 为基础的升级版。

SSL/TSL 的工作过程如下：

(1) 客户端向服务器端索要并验证非对称加密算法的公钥。(将公匙存放在可信的证书中，也同时验证了对话双方的身份。)

(2) 双方协商生成对称加密算法的"对话密钥"。

(3) 双方采用对称加密算法和它的"对话密钥"进行加密通信。

其中前两步称为握手阶段，第(3)步是使用 HTTP 协议传输经过加密的内容。

SSL/TSL 提供的主要服务有：

(1) SSL 服务器鉴别：支持 SSL 的客户端通过验证来自服务器的证书，来鉴别服务器的真实身份并获得服务器的公钥。

(2) SSL 客户鉴别：用于服务器证实客户的身份，这是 SSL 的可选安全服务。

(3) 加密的 SSL 会话：加密客户和服务器之间传送的所有报文，并检测报文是否被篡改。

5. 应用层安全协议

1) PGP(Pretty Good Privacy)

PGP 是一个完整的电子邮件安全软件包，包括加密、鉴别、电子签名和压缩等技术。PGP 并没有使用新的概念，它只是将现有的一些算法如 MD5、RSA、IDEA 等综合在一起。虽然 PGP 已被广泛使用，但 PGP 并不是因特网的正式标准。

2) PEM(Privacy Enhanced Mail)

PEM 是因特网的邮件加密建议标准，由 RFC 1421、RFC 1422、RFC 1423 和 RFC 1424 这 4 个 RFC 文档来描述。PEM 和 PGP 的功能相似，都是对基于 RFC 822 的电子邮件进行加密和鉴别。PEM 有比 PGP 更加完善的密钥管理机制。PEM 采用的是由认证中心(CA)发布的证书系统，证书上包含用户的姓名、公钥以及密钥的有效期。每个证书都有唯一的序列号，可以确保证书的唯一性和可追溯性。此外，证书还包含使用认证中心私钥签名的 MD5 散列函数值，用于验证证书的完整性和真实性。

6. 防火墙和入侵检测系统

1) 防火墙

防火墙(Firewall)是由软件和硬件构成的系统，用于在两个网络之间实施自定义的接入控制策略。这些策略由使用防火墙的单位根据自身需求制定，以严格控制进出网络边界的数据分组，禁止任何不必要的通信，从而减少潜在的入侵风险。

防火墙内的网络称为"可信赖的网络(Trusted Network)"，而将外部的因特网称为"不可信赖的网络(Untrusted Network)"。防火墙旨在解决内网和外网之间的安全问题。防火墙通过以下两种设备来实现：

(1) 分组过滤路由器。分组过滤路由器具有分组过滤功能，它根据预配置的规则(如源 IP 地址、目的 IP 地址、源端口、目的端口以及协议类型等)来决定是否转发或丢弃进入或离开内部网络的数据分组。这些规则通常以访问控制列表(Auess Control List，ACL)的形式存储，并由网络管理人员进行配置。然而，分组过滤路由器无法对应用层数据进行过滤或支持应用层用户鉴别。

（2）应用网关。应用网关又称为代理服务器（Proxy Server），它能够在应用层对数据进行过滤并执行用户鉴别。当用户通过应用网关访问内网或外网资源时，应用网关会要求用户进行身份验证，并根据验证结果实施相应的访问控制。但应用网关也有其局限性，例如每种网络应用都需要一个专用的应用网关，导致处理负担较重，且对应用程序是不透明的，用户需要在客户端指明应用网关的地址。

2）入侵检测系统

防火墙并不能阻止所有的入侵行为，对恶意代码（病毒、木马等）的查杀能力非常有限，并且无法防范利用系统漏洞或网络协议漏洞进行的攻击。入侵检测系统（Intrusion Detection System，IDS）可以在入侵已经开始但还未造成危害之前，及时检测到入侵并将其阻止，以最大程度地减少潜在危害。

IDS 主要分为基于特征的入侵检测系统和基于异常的入侵检测系统。这些系统对出入网络的分组执行深度检查，一旦发现可疑分组，会立即向网络管理员发出警报，并可能自动阻断这些分组。IDS 具备检测多种网络攻击的能力，包括但不限于端口扫描、拒绝服务攻击、网络映射、恶意传播代码以及利用系统漏洞等。

6.5.3　防火墙 ACL 仿真实例

1. 防火墙概述

网络设计中，安全问题是一个重要问题，访问控制列表（ACL）是网络安全防范和保护的主要策略。ACL 是路由器接口的指令列表，是一种防火墙的安全形式，用来控制端口进出的数据包，它的主要任务是保证网络资源不被非法使用和访问。访问控制列表适用于所有的路由协议，如 IP、IPX、AppleTalk 等。ACL 中包含了匹配关系、条件和查询语句，它只是一个框架结构，其目的是对某种访问进行控制。

访问控制列表使用包过滤技术，在路由器上读取第 3 层及第 4 层包头中的信息（如源地址、目的地址、源端口、目的端口等），根据预先定义好的规则对包进行过滤，从而达到访问控制的目的。该技术初期仅支持在路由器上使用，现在已经在 3 层交换机和 2 层交换机上使用了。ACL 的定义是基于每一种协议的，所以如果路由器接口配置成为支持三种协议（IP、AppleTalk 以及 IPX），那么用户必须定义三种 ACL 来分别控制这三种协议的数据包。

ACL 的执行顺序是从上往下的，一个包只要遇到一条匹配的 ACL 语句，就会停止后续语句的执行，一个端口究竟执行哪条 ACL 语句，需要根据列表中的条件语句执行顺序来判断。如果一个数据包的包头跟表中某个条件判断语句相匹配，那么后面的语句就将被忽略，不再进行检查。数据包只有在跟第一个判断条件不匹配时，它才会被交给 ACL 中的下一个条件判断语句进行比较。如果匹配（假设为允许发送），则不管是第一条还是最后一条语句，数据都会立即发送到目的接口；如果所有的 ACL 判断语句都检测完毕，仍没有匹配的语句出口，则该数据包将被视为拒绝而被丢弃。这里要注意的是，ACL 不能对本路由器产生的数据包进行控制。如果设备使用了 TCAM，那么所有的 ACL 是并行执行的。举例来说，如果一个端口设定了多条 ACL 规则，那么这些规则并不是逐条匹配的，而是一次执行的。

Cisco 路由器中有多种 ACL，其中最基本的 ACL 介绍如下。

1) 标准 ACL

标准 ACL 使用 1～99 以及 2000～2699 之间的数字作为列表编号。标准 ACL 只检查源地址，它可以阻止来自某一网络的所有通信流量，或者允许来自某一特定网络的所有通信流量，或者拒绝某一协议族(比如 IP)的所有通信流量。标准 ACL 要尽量靠近目的端。

2) 扩展 ACL

扩展 ACL 使用 100～199 之间的数字作为表号。扩展 ACL 通过启用基于 IP 源地址和目的地址、传输层协议(TCP、UDP)和应用端口号的过滤，使用逻辑运算，例如等于（eq）、不等于（neq）、大于（gt）和小于（lt），来提供比标准 ACL 更细致、更高程度的数据流选择控制。扩展 ACL 要尽量靠近源端，它也可以被配置为使用各种最基本的标准 ACL 访问控制列表或访问列表。

此外，还有基于时间的 ACL、自反（Reflexive）访问列表、动态 ACL 等。

2. 仿真设置与分析

本实例规划、配置、应用 ACL，允许或者拒绝特定的流量经过网络。首先产生一个 ACL，并将其应用于某个路由器的接口。通过 Cisco 的 CLI 命令，可以拒绝或者允许一个路由器或者主机，其命令格式为：

access-list <1-99> <deny | permit> <source ip address> <wildcard bits>
access-list <1-99> <deny | permit> host <source ip address>

参考"ACL 仿真实例.pkt"文件，建立如图 6-17 所示的拓扑图，路由器 R0 和 R1 将网络分为 3 个网段，本例对路由器 R0 进行 ACL 设置，对相关的数据包进行过滤。

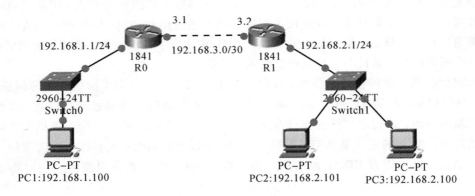

图 6-17　ACL 仿真拓扑图

```
R0(config)#access-list 1 deny 192.168.2.101    00.0.0.0    //创建 ACL 1 拒绝来自 192.168.2.101
                                                            主机的流量 R0(config)#access-list 1
                                                            permit 192.168.2.0 0.0.0.255
                                                          //设置 ACL 1 放行其他流量
R0(config)#int fa0/1                                      //把 ACL 绑定到 fa0/1 接口
R0(config-if)#ip access-group 1 out
R0(config)#ip route 192.168.2.0 255.255.255.0 192.168.3.2    //分别在 R0 和 R1 上设置静态路由
R1(config)#ip route 192.168.2.0 255.255.255.0 192.168.3.1
```

如果要关闭，可以执行 Router(config)♯ no access－list access_list_number 命令。

分别从 PC3 和 PC2 对 PC1 进行 ping 操作，可以看到，由于路由器 R0 的 ACL 拒绝来自 192.168.2.101 主机的流量，所以 PC3 可以 ping 通，而 PC2 不能够 ping 通。

1. 列举对称密钥和非对称密钥的例子。
2. 物理层、链路层、传输层、网络层、应用层各有哪些安全手段？
3. 列举 SSL 和 TLS 的不同之处。HTTP 使用的是哪个安全协议？
4. 什么是 DoS 攻击？

6.6　WAN 仿真实例

6.6.1　理论知识

广域网（Wide Area Network，WAN）也称远程网（Long Haul Network）。广域网通常跨接很大的物理范围，所覆盖的范围从几十千米到几千千米，它能连接多个城市或国家，或横跨几个洲并能提供远距离通信，从而形成国际性的远程网络。广域网的通信子网可以利用公用分组交换网、卫星通信网和无线分组交换网，将分布在不同地区的局域网或计算机系统互联起来，达到资源共享的目的。因特网（Internet）是世界范围内最大的广域网。广域网一般最多只包含 OSI 参考模型的底下 3 层，而且大部分广域网都采用存储转发方式进行数据交换，也就是说，广域网是基于报文交换或分组交换技术（传统的公用电话交换网除外）进行数据交换的。

WAN 设备及构成如图 6－18 所示。

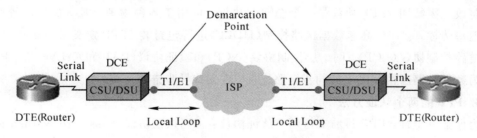

图 6－18　WAN 设备构成

（1）路由器（Router）：提供网间连接及 WAN 到 ISP 的接口。

（2）数据终端设备（Data Terminal Equipment，DTE）：路由器就是一种用户侧典型的 DTE。

（3）数据通信设备（Data Communications Equipment，DCE）：在 DCE 和 DTE 之间提供时钟信号，同步数据的传送。

(4) 分界点(Demarcation Point)：是公网和私网的物理节点。

(5) 本地链路(Local Loop)：连接用户和交换中心的物理介质，是分界点和 ISP 边缘的链路。

(6) 信道服务单元/数据服务单元(Channel Service Unit/Data Service Unit，CSU/DSU)：在数据线如 T1、T3 或者 E1 上使用。CSU/DSU 向客户提供时钟信号设备接口，终止租用线路信道传输介质。DSU/CSU 将一种数字格式转换成另一种数字格式，因此 CSU/DSU 能够终止数字本地环路。目前大多数路由器都集成了 CSU/DSU。

本实例的目的是更好地理解广域网技术，理解怎样配置路由器和解决路由器中存在的问题。接下来要介绍几种 WAN 技术，有 HDLC、PPP、Frame-Relay，本实例用到的技术是作为网络工程师要掌握的基本技术，主要内容包括：审查路由器和交换机的基本配置，端对端串行连接，HDLC 封装，PPP 封装，使用 PAP 和 CHAP 的 PPP 认证。

1. HDLC 协议

HDLC 协议是在 OSI 参考模型的数据链路层中的一种通用协议。HDLC 协议在发射机和接收机之间，既可以提供尽最大努力的服务，也可以提供可靠的服务。提供的服务的类型取决于 HDLC 所采用的模式。

每一个数据块加头部和尾部封装在 HDLC 帧中，头部包含 HDLC 地址和 HDLC 控制域，尾部包含一个循环冗余校验，它可以检测在传输过程中可能发生的任何错误。HDLC 帧与帧之间由 HDLC 标志序列分离。

2. PPP

PPP 是 HDLC 的扩展，PPP 协议具有以下特性：能够控制数据链路的建立，能够对 IP 地址进行分配和使用，允许同时采用多种网络层协议，能够配置和测试数据链路，能够进行错误检测，有协商选项，能够对网络层的地址和数据压缩等进行协商。

从本质上讲，PPP 将 TCP/IP 数据包打包，并且转发给上游路由器，然后才真正地将数据包放入因特网。PPP 协议是一个全双工协议，可用于各种物理介质，包括双绞线、光纤或卫星传输，它使用高速数据链路控制(HDLC)进行包封装。PPP 定义了一整套的协议，包括链路控制协议(LCP)、网络层控制协议(NCP)和验证协议(PAP 和 CHAP)等。PPP 协议作为数据链路层协议既支持同步链路连接，也支持异步链路连接。

3. PPP 的两个认证方法

为保证安全性，PPP 目前支持两个认证协议：密码认证协议(Password Authentication Protocol，PAP)和挑战握手认证协议(Challenge Handshake Authentication Protocol，CHAP)。二者都是在 RFC 1334 中规定的，支持同步和异步接口。

1) PAP

PAP 提供了一个简单的方法：使用两次握手对一个远程节点进行认证。PPP 连接建立阶段完成后，一个远程节点的用户名和密码在链路上被重复发送，直到身份验证被确认或连接被终止。PAP 在网络上发送没有加密的 ASCII 码是不安全的，当远程服务器不支持强认证协议(如 CHAP 或 EAP)时，它可以用作一个加密手段。

2) CHAP

对于连接到某个系统来说，CHAP 是一个更安全的过程，其工作过程如下：

（1）连接建立后，服务器向所有请求者都发送一个询问消息，请求者通过使用单向散列函数返回一个响应值。

（2）服务器将响应值与自己计算的预期的散列值进行比较。

（3）如果值匹配，请求者身份验证将被确认，否则连接将被终止。

在任何时候，服务器都可以请求连接方发送一个新的挑战消息。因为 CHAP 标识符经常更换，而且服务器可以在任何时间请求认证，所以 CHAP 比 PAP 更安全。

4. 帧中继

帧中继是一种用于连接计算机系统的面向分组的通信方法，它主要用于公共或专用网的局域网互联以及广域网连接。大多数公共电信局都提供帧中继服务并把它作为建立高性能的虚拟广域连接的一种途径。

帧中继是进入带宽范围为 56 kb/s～1.544 Mb/s 的广域分组交换网的用户接口。帧中继是从综合业务数字网中发展起来的，并在 1984 年被推荐为国际电话电报咨询委员会（CCITT）的一项标准，另外，由美国国家标准协会授权的美国 TIS 标准委员会也对帧中继做了一些初步工作。

帧中继广域网的设备分为数据终端设备（DTE）和数据通信设备（DCE）。帧中继技术提供面向连接的数据链路层的通信，在每对设备之间都存在一条定义好的通信链路，并且该链路有一个链路连接标识符。帧中继的通信服务通过帧中继虚电路实现，每个帧中继虚电路都以数据链路识别码（Data Link Connection Identifier，DLCI）标识自己，DLCI 的值一般由帧中继服务提供商指定。帧中继既支持永久虚电路（Permanent Virtual Circuit，PVC）也支持 SVC（Switching Vitual Circuit，交换虚电路）。

帧中继本地管理接口（Local Management Interface，LMI）是对基本的帧中继标准的扩展，它是路由器和帧中继交换机之间的信令标准，它提供帧中继管理机制。LMI 提供了许多管理复杂互联网络的特性，其中包括全局寻址、虚电路状态消息和多目的发送等功能。

6.6.2　基本配置

参考"WAN 仿真实例.pkt"，建立如图 6 - 19 所示的拓扑图，本实例添加一个 Cloud - PT - Empty 设备（Cloud0）模拟帧中继网络，然后为 Cloud0 添加 3 个 S 端口模块，并将 Cloud0 与路由器 R1、R2、R3 连接。

1. 基本配置

（1）用 hostname 配置所有路由器的名称：R1～R4。

（2）配置所有交换机的名称：S1～S4。

（3）在交换机或者路由器上运行命令"no ip domain-lookup"，来限制网络设备进行域名解析，否则必须得等到超时以后才能对交换机或者路由器进行其他的配置，极大地耗费设备资源。

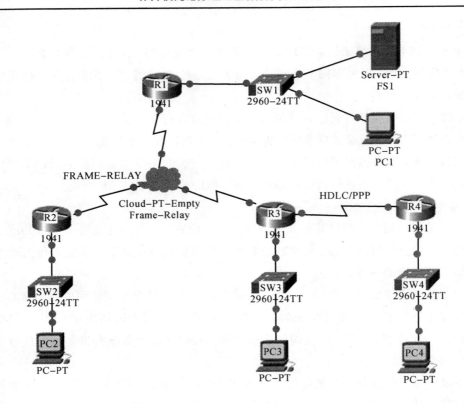

图 6-19　WAN 仿真拓扑图

2. LAN 配置

（1）分配 IP 地址和子网给 R1 和 R4 的千兆以太网的接口，如表 6-4 所示。

（2）确保千兆以太网接口处于 up 状态。

表 6-4　设备接口配置参数

设备及接口	IP 地址	设　备	IP 地址
R1，G0/0	172.168.1.1/26	PC1，fa0/1	192.168.1.10/26
R2，G0/0	172.168.2.1/25	PC2，fa0/1	192.168.2.10/25
R3，G0/0	192.168.3.1/24	PC3，fa0/1	192.168.3.10/24
R4，G0/0	192.168.4.1/24	PC4，fa0/1	192.168.4.10/24
R3，S0/0/1	10.1.1.1/30		
R4，S0/0/1	10.1.1.2/30		

6.6.3　HDLC 配置

1. 用串口连接路由器

用串口对路由器进行配置，并验证其是否安装了 HDLC 协议。由于路由器通常接收外部设备（如 CSU/DSU）的时钟，所以在协调两个相互连接的路由器时，需要知道如何在正确的接口上配置串行时钟。

2．配置 HDLC

（1）在 R3 上配置的命令如下：

```
R3# conf t
R3(config)#interface serial 0/0/1
R3(config-if)#encapsulation hdlc
R3(config-if)#ip address10.1.1.1 255.255.255.252
R3(config-if)#clock rate 250000    //分配时钟速率为 250 000 bps
R3(config-if)#no shutdown
R3(config-if)#end
```

（2）在 R4 上配置的命令如下：

```
R4# conf t
R4(config)#interface serial 0/0/1
R4(config-if)#encapsulation hdlc
R4(config-if)#ip address10.1.1.2 255.255.255.252
R4(config-if)#clock rate 250000    //分配时钟速率为 250 000 bps
R4(config-if)#no shutdown
R4(config-if)#end
```

（3）在 R3 上显示接口 S0/0/1 的控制器，如图 6-20 所示。

```
R3#show controllers serial 0/0/1
Interface Serial0/0/1
Hardware is PowerQUICC MPC860
DTE V.35 TX and RX clocks detected
idb at 0x81081AC4, driver data structure at 0x81084AC0
SCC Registers:
```

图 6-20　R3 接口控制器

show 控制命令将显示接口端检测到的控制器，无论是 DCE 端（提供时钟），还是 DTE 端（接收时钟），也可用此命令查看其他设备如 R4 的接口情况。

（4）从 R3 ping 10.1.1.2，检测与 R4 的连通情况，如图 6-21 所示。

```
R3#ping 10.1.1.2          R3 ping R4 成功

Type escape sequence to abort.
Sending 5, 100-byte ICMP Echos to 10.1.1.2, timeout is 2 seconds:
!!!!!
Success rate is 100 percent (5/5), round-trip min/avg/max = 1/4/16 ms
```

图 6-21　检查 R3 与 R4 的连通情况

（5）在 R3 上观察 IP 接口，如图 6-22 所示。

```
R3>enable
R3#show ip interface brief
Interface              IP-Address       OK? Method Status                Protocol

GigabitEthernet0/0     192.168.3.1      YES manual up                    up

GigabitEthernet0/1     unassigned       YES unset  administratively down down

Serial0/0/0            unassigned       YES unset  up                    up

Serial0/0/1            10.1.1.1         YES manual up                    down
```

图 6-22　观察 R3 的 IP 口情况

（6）在 R3 上观察串口 serial 0/0/1 的情况，如图 6-23 所示，由图中可见，R3 和 R4
之间已建立起了 HDLC 连接。

```
R3#show interfaces s0/0/1
Serial0/0/1 is up, line protocol is up (connected)
   Hardware is HD64570
   Internet address is 10.1.1.1/24
   MTU 1500 bytes, BW 1544 Kbit, DLY 20000 usec,
      reliability 255/255, txload 1/255, rxload 1/255     HDLC已被封装
   Encapsulation HDLC, loopback not set, keepalive set (10 sec)
   Last input never, output never, output hang never
   Last clearing of "show interface" counters never
   Input queue: 0/75/0 (size/max/drops); Total output drops: 0
   Queueing strategy: weighted fair
   Output queue: 0/1000/64/0 (size/max total/threshold/drops)
      Conversations  0/0/256 (active/max active/max total)
      Reserved Conversations 0/0 (allocated/max allocated)
      Available Bandwidth 1158 kilobits/sec
   5 minute input rate 0 bits/sec, 0 packets/sec
   5 minute output rate 0 bits/sec, 0 packets/sec
```

图 6-23　观察 R3 的串口情况

6.6.4　PPP 配置及认证

PPP 是 WAN 第 2 层最常用的协议，我们将在 R3 和 R4 两个路由器上配置并且校验
PPP 封装。

1. PPP 配置

在 R3 和 R4 上配置 PPP，一般可用下面两个语句：

R3(config)#interface serial 0/0/1

R3(config-if)#encapsulation ppp

在路由器上，可查看串口 serial 0/0/1，显示是否已经在串口上封装了 PPP，例如可以
在 R3 上运行命令进行查看，如图 6-24 所示。

```
R3#show interfaces s0/0/1
Serial0/0/1 is up, line protocol is down (disabled)
   Hardware is HD64570
   Internet address is 10.1.1.1/24
   MTU 1500 bytes, BW 1544 Kbit, DLY 20000 usec,
      reliability 255/255, txload 1/255, rxload 1/255
   Encapsulation PPP, loopback not set, keepalive set (10 sec)
   LCP Closed
   Closed: LEXCP, BRIDGECP, IPCP, CCP, CDPCP, LLC2, BACP
```

图 6-24　观察 PPP 封装情况

2. PPP 认证

PPP 应用广泛的原因之一,是设备在通信时可以通过 PAP 和 CHAP 认证来保证安全。下面进行 PAP 和 CHAP 的配置。

1) PAP 认证

PAP 认证是通过最小优先法来保证 PPP 安全的方法,它是以明文的形式发送用户名和密码的。首先是被认证方向主认证方发送认证请求(包含用户名和密码),主认证方接到认证请求,再根据被认证方发送来的用户名去到自己的数据库中认证用户名密码是否正确,如果密码正确,则 PAP 认证通过;如果用户名密码错误,则 PAP 认证未通过。

(1) 主认证端 PAP 配置(DCE):

```
R3 # config terminal
R3 (config) # username user03 password pwd03      //配置主认证端用户名和密码
R3 (config) # interface serial 0/0/1
R3 (config - if) # ip address 10. 1. 1. 1 255. 255. 255. 252
R3 (config - if) # clock rate 25000
R3 (config - if) # encapsulation ppp
R3 (config - if) # ppp authentication pap      //指定 PAP 认证方式
R3 (config - if) # pap sent - username R3 password 0　pwd03      //路由器创建的用户名和密码
R3 (config - if) # no shutdown
```

(2) 被认证端 PAP 配置(DTE):

```
R4 # config terminal
R4 (config) # interface serial 0/0
R4 (config - if) # ip address 10. 1. 1. 2 255. 255. 255. 252
R4 (config - if) # encapsulation ppp
R4 (config - if) # ppp pap sent - username user04 password 0 pwd04
R4 (config - if) # no shutdown
```

2) CHAP 认证

默认情况下,不需要在路由器上配置一个主机名用于 CHAP 认证,因为可以用路由器的名字作为认证,同时也不需要定义一个密码来进行 CHAP 认证,因为 CHAP 不用像 PAP 那样发送密码,取代密码的是哈希值(Hash)。主叫发出请求,被叫回复一个数据包,这个包里面有主叫发送的随机的哈希值,主叫在数据库中确认无误后发送一个连接成功的数据包连接。

(1) CHAP 单向认证。R3 为服务器端,R4 为客户端,R3 等待 R4 发送用户名密码过来然后与本地数据库进行匹配。

R3 配置如下:

```
R3(config) # username user03 password pwd03      //主认证端添加被认证用户的用户名和密码
R3(config) # interface s0/0
R3(config - if) # encapsulation ppp
R3(config - if) # ppp authentication chap
```

R4 配置如下:

```
R4(config)#interface s0/0
R4(config-if)#encapsulation ppp
R4(config-if)#ppp chap hostname user03
R4(config-if)#ppp chap password pwd03
```

（2）CHAP 双向认证。这里双方的用户名和密码不一样，以示区别双向认证，也可以设置一样的用户名和密码。

R3 配置如下：

```
R3(config)#username user03 password pwd03
R3(config)#interface s0/0
R3(config-if)#encapsulation ppp
R3(config-if)#ppp authentication chap
R3(config-if)#ppp chap hostname user04
R3(config-if)#ppp chap password pwd04
```

R4 配置如下：

```
R4(config)#username user04 password pwd04
R4(config)#interface s0/0
R4(config-if)#encapsulation ppp
R4(config-if)#ppp authentication chap
R4(config-if)#ppp chap hostname user03
R4(config-if)#ppp chap password pwd03
```

在 CHAP 认证中，也可以在双方设置认证的用户名为对方设备的 hostname，并设置相同的密码，这样就不需要在端口上使用命令"ppp chap hostname"和"ppp chap password"。

6.6.5 帧中继配置

基本帧中继是一种非广播的多址技术，常用于集线器和星形拓扑结构。默认情况下，帧中继使用反向 ARP 将一个远程 IP 地址映射到本地数据链路连接标识（Data Link Connection Identifier，DLCI）。本实例在 R1、R2、R3 之间配置帧中继，配置参数如表 6-5 所示。

表 6-5　接口参数配置

设备及接口	IP 地址	DLCI
R1，S0/0/0	10.0.0.1/27	102，103
R2，S0/0/0	10.0.0.2/27	201
R3，S0/0/0	10.0.0.3/27	301

1. 帧中继配置

（1）对 R1，R2，R3 和 R4 分配 IP 地址和子网掩码。

（2）为 R4 的 s0/0/0 接口分配速率为 250 000 bps。

（3）在 R1、R2 和 R3 中使帧中继生效。

　　以 R1 路由器配置为例，R2 和 R3 与此类似，具体命令如下：

```
R1>en
R1#conf t
R1(config)#int s0/0/0        //进入 S1/0 端口配置
R1(config-if)#no shut        //启动端口
R1(config-if)#encapsulation frame-relay        //帧中继封装
R1(config-if)#frame-relay lmi-type cisco        //帧中继类型为 Cisco
R1(config)#ints0/0/0.1 point-to-point        //配置子端口，并设置为点对点模式
R1(config-subif)#ip add10.0.0.1 255.255.255.0        //分配子端口 IP 地址
R1(config-subif)#frame-relay interface-dlci 102        //指定点对点对应的 DLCI 值
R1(config-subif)#exit
R1(config)#ints0/0/0.2 point-to-point        //配置子端口，并设置为点对点模式
R1(config-subif)#ip add 10.0.0.1 255.255.255.0        //分配子端口 IP 地址
R1(config-subif)#frame-relay interface-dlci 103        //指定点对点对应的 DLCI 值
R1(config-subif)#exit.
```

　　（4）在 R1，R2 和 R3 上显示 s0/0/0 接口。

　　以 R1 为例，如图 6-25 所示，可见其帧中继的信息。

```
R1#show interfaces s0/0/0
Serial0/0/0 is up, line protocol is up (connected)
  Hardware is HD64570
  MTU 1500 bytes, BW 1544 Kbit, DLY 20000 usec,
     reliability 255/255, txload 1/255, rxload 1/255
  Encapsulation Frame Relay, loopback not set, keepalive set (10 sec)
  LMI enq sent  114, LMI stat recvd 114, LMI upd recvd 0, DTE LMI up
  LMI enq recvd 0, LMI stat sent  0, LMI upd sent  0
  LMI DLCI 1023  LMI type is CISCO  frame relay DTE
  Broadcast queue 0/64, broadcasts sent/dropped 0/0, interface broadcasts 0
```

图 6-25　R1 的接口信息

　　（5）显示 R1，R2 和 R3 的帧中继 PVC 。

　　使用"show frame-relay pvc"命令，显示本接口的虚电路（PVC）统计信息，以 R1 为例，如图 6-26 所示，可见其帧中继的信息。

```
R1#show frame-relay pvc  显示本地接口的虚电路（PVC）统计信息

PVC Statistics for interface Serial0/0/0 (Frame Relay DTE)该接口是帧中继的DTE
DLCI = 102, DLCI USAGE = LOCAL, PVC STATUS = ACTIVE, INTERFACE = Serial0/0/0.1
  DLCI为102的接口处于active状态，本地接口是s0/0/0.1
  input pkts 14055      output pkts 32795       in bytes 1096228
  out bytes 6216155     dropped pkts 0          in FECN pkts 0
  in BECN pkts 0        out FECN pkts 0         out BECN pkts 0
  in DE pkts 0          out DE pkts 0
  out bcast pkts 32795  out bcast bytes 6216155

DLCI = 103, DLCI USAGE = LOCAL, PVC STATUS = ACTIVE, INTERFACE = Serial0/0/0.2
  DLCI为103的接口处于active状态，本地接口是s0/0/0.2
  input pkts 14055      output pkts 32795       in bytes 1096228
  out bytes 6216155     dropped pkts 0          in FECN pkts 0
  in BECN pkts 0        out FECN pkts 0         out BECN pkts 0
  in DE pkts 0          out DE pkts 0
  out bcast pkts 32795  out bcast bytes 6216155
```

图 6-26　R1 的帧中继 PVC

(6) 显示帧中继 R1，R2，R3 的映射 MAP。使用"show frame – relay map"命令，查看当前映射项和 DLCI 映射表的相关信息，以 R1 为例，如图 6 – 27 所示。

```
R1#show frame-relay map
Serial0/0/0.1 (up): point-to-point dlci, dlci 102, broadcast, status defined, active
Serial0/0/0.2 (up): point-to-point dlci, dlci 103, broadcast, status defined, active
```

图 6 – 27   R1 的帧中继映射 MAP

默认情况下，帧中继采用反向 ARP 动态地映射本地 DLCI 值至远程 IP 地址，这种动态映射是由显示帧中继映射命令的输出中的关键字动态显示的，任一路由器的 Serial0/0/0 接口的远程 IP 地址，都被动态地映射到本地 DLCI 值。以上输出显示了帧中继逆向 ARP (IARP)的作用结果，表明路由器 R1、R2 和 R3 每个封装帧中继的接口包含的处于活动 (Active)状态的 DLCI，上图中每条记录都显示了远端的 IP 地址和本地的 DLCI 的映射关系，"broadcast"参数表明允许在 PVC 上传输广播或组播流量，"dynamic"表明是动态映射。

2. 将帧中继配置为 IETF

帧中继的封装有两种格式：Cisco 和互联网工程任务组（Internet Engineering Task Force，IETF），两种封装略有不同，不能兼容。当使用非 Cisco 的帧中继交换机时，应该使用 IETF 帧中继封装。指定一个非本地管理接口（local management interface，LMI）的信号类型也非常重要。对于串口 Serial1，2 and 3，首先应将帧中继交换机的端口状态从 Cisco 转换到 ANSI，如图 6 – 28 所示。

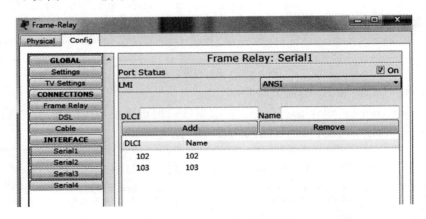

图 6 – 28   帧中继端口状态设置

(1) 在 R1，R2 和 R3 的串口 S0/0/0 中，将帧中继封装为 IETF。

R2(config – if)#encapsulation frame – relay ietf

(2) 配置 R1，R2 和 R3 的接口为 LMI 信令格式。

R2(config – if)#frame – relay lmi – type ansi

(3) 在 R3 中显示"串口 S0/0/0"，如图 6 – 29 所示。

```
R3#show interface s0/0/0
Serial0/0/0 is up, line protocol is up (connected)
  Hardware is HD64570
  MTU 1500 bytes, BW 1544 Kbit, DLY 20000 usec,
      reliability 255/255, txload 1/255, rxload 1/255
  Encapsulation Frame Relay, loopback not set, keepalive set (10 sec)
  LMI enq sent  28, LMI stat recvd 28, LMI upd recvd 0, DTE LMI up
  LMI enq recvd 0, LMI stat sent  0, LMI upd sent  0
  LMI DLCI 0  LMI type is ANSI Annex D  frame relay DTE
  Broadcast queue 0/64, broadcasts sent/dropped 0/0, interface broadcasts 0
```

图 6 - 29　R3 串口信息

由图 6 - 29，可以观察到 LMI type 为"ANSI Annex D."。

（4）在 R3 中显示"frame - relay pvc"，如图 6 - 30 所示。

```
R3#show frame-relay pvc

PVC Statistics for interface Serial0/0/0 (Frame Relay DTE)
DLCI = 301, DLCI USAGE = LOCAL, PVC STATUS = ACTIVE, INTERFACE = Serial0/0/0

input pkts 14055        output pkts 32795       in bytes 1096228
out bytes 6216155       dropped pkts 0          in FECN pkts 0
in BECN pkts 0          out FECN pkts 0         out BECN pkts 0
in DE pkts 0            out DE pkts 0
out bcast pkts 32795    out bcast bytes 6216155
```

图 6 - 30　R3 的 frame - relay pvc

6.6.6　使用子接口的点对点和点对多点通信

本实例用子接口来配置帧中继的点对点通信，并在这些子接口中分配 DLCI，子接口仅用在两个端点之间。子接口性能比较见表 6 - 6。

表 6 - 6　子接口性能比较

标准接口	Point - to - multipoint	Point - to - point	连接到不支持 IARP 的设备
每个协议加网络地址	每个协议加入网络地址，使用 frame - relay map	每个协议加入网络地址，使用 frame - relay interface - dlci	每个协议加入网络地址，使用 frame - relay map
静态 or 动态寻址	静态寻址	动态寻址	静态寻址

首先将 R1、R2 和 R3 的 S0/0/0 口重启为缺省状态，在全局模式中使用行命令"No encapsulation""No ip address"

R1 的子接口 S0/0/0.1 的 IP 为"10.0.0.1"，R2 的 IP 为"10.0.0.2"，R3 的 IP 为"10.0.0.3"。网络掩码都为"255.255.255.0"。R1 上 S0/0.1 的 DLCI 号为 102、103，R2 上 S0/0 的 DLCI 号为 201，R3 上 S0/0 的 DLCI 号为 301。

1. Point – to – point

1) 配置命令

要求在路由器间完成帧中继点到点子接口的配置，其主要思路如下：

(1) 分别在 R1，R2 和 R3 的串口 S0/0/0 上，封装帧中继。

(2) 在 R1 的 S0/0/0.102 上配置点对点子接口，并分配 IP 地址为 10.2.2.1/30，DLCI 配置为 102。

(3) 在 R1 的 S0/0/0.103 上配置点对点子接口，并分配 IP 地址为 10.3.3.1/30，DLCI 配置为 103。

(4) 在 R2 的 S0/0/0 上配置点对点子接口，并分配 IP 地址为 10.2.2.2/30，DLCI 配置为 201。

(5) 在 R3 的 S0/0/0 上配置点对点子接口，并分配 IP 地址为 10.3.3.2/30，DLCI 配置为 301。

对于 R1，配置如下：

```
R1(config)＃int s0/0
R1(config – if)＃no ip addr
R1(config – if)＃no shut
R1(config – if)＃encapsulation frame – relay   //在物理接口下封装 frame – relay
R1(config – if)＃no frame – relay inverse – arp   //关闭帧中继的反向 ARP 功能
R1(config – if)＃exit
R1(config)＃int S0/0/0.102   point – to – point   //配置点到点的 frame – relay
R1(config – subif)＃ip addr 10.2.2.1 255.255.255.252      //设置 IP 地址
R1(config – subif)＃no shut
R1(config – subif)＃frame – relay interface – dlci 102
R1(config – fr – dlci)＃exit
R1(config – subif)＃int S0/0/0.103 point – to – point
R1(config – subif)＃ip addr 10.3.3.1   255.255.255.252
R1(config – subif)＃no shut
R1(config – subif)＃frame – relay interface – dlci 103
R1(config – fr – dlci)＃exit
```

对于 R2 和 R3，配置如下：

```
R2(config)＃int s0/0/0
R2(config – if)＃ip addr 10.2.2.2/30
R2(config – if)＃no shut
R2(config – if)＃encapsulation frame – relay      //封装 frame – relay
R2(config – subif)＃frame – relay interface – dlci 201
……
R3(config)＃int s0/0/0
R3(config – if)＃ip addr 10.3.3.2/30
R3(config – if)＃no shut
R3(config – if)＃encapsulation frame – relay      //封装 frame – relay
R3(config – subif)＃frame – relay interface – dlci 301
```

2）ping

R1、R2、R3 之间互相 ping。

3）查看 R1 的 IP 接口

用"show ip interface brief"命令查看 R1 的 IP 接口信息，如图 6－31 所示。

```
R1#show ip interface brief
Interface              IP-Address      OK? Method Status                  Protocol

GigabitEthernet0/0     unassigned      YES unset  administratively down down

GigabitEthernet0/1     unassigned      YES unset  administratively down down

Serial0/0/0            unassigned      YES unset  up                      up

Serial0/0/0.102        10.2.2.1        YES manual up                      up

Serial0/0/0.103        10.3.3.1        YES manual up                      up
```

图 6－31　R1 的 IP 接口信息

4）查看帧中继映射

用"show frame relay map"命令查看 R1 的帧中继映射，如图 6－32 所示。

```
R1>show frame-relay map
Serial0/0/0.102 (up): point-to-point dlci, dlci 102, broadcast, status defined, active
Serial0/0/0.103 (up): point-to-point dlci, dlci 103, broadcast, status defined, active
```

图 6－32　R1 的帧中继映射

2. Point – to – multipoint

1）配置命令

要求在路由器间完成帧中继点到多点子接口的配置，最终使 R1 能分别和 R2 、R3 通信，而 R2、R3 之间不能相互通信。

其主要思路如下：

（1）在 R1 上配置多点子接口 S0/0/0.102，并分配 IP 地址为 10.2.2.1/30，Configure a frame – reply map ip 10.2.2.2 102 broadcast。

（2）在 R1 上配置多点子接口 S0/0/0.103，并分配 IP 地址为 10.3.3.1/30，Configure a frame – reply map ip 10.3.3.2 103 broadcast。

（3）在 R2 上配置多点子接口 S0/0/0，并分配 IP 地址为 10.2.2.2/30，Configure a frame – reply map ip 10.2.2.1 201 broadcast。

（4）在 R3 上配置多点子接口 S1/0/0.103，并分配 IP 地址为 10.3.3.2/30，Configure a frame – reply map ip 10.3.3.1 301 broadcast。

对于 R1 配置命令如下：

```
R1(config)#int s0/0/0
R1(config-if)#no ip addr
R1(config-if)#no shut
R1(config-if)#encapsulation frame-relay        //在物理接口下封装 frame-relay
```

```
R1(config - if)♯no frame - relay inverse - arp     //关闭帧中继的反向 ARP 功能
R1(config - if)♯exit
R1(config)♯int S0/0/0.102 multipoint   //配置点到多点的 frame - relay
R1(config - subif)♯ip addr 10.2.2.1 255.255.255.252 //前缀 30
R1(config - subif)♯no shut
R1(config - subif)♯frame - relay map ip 10.2.2.2 102 broadcast     //映射 IP 地址
R1(config - subif)♯exit
R1(config)♯intS0/0/0.103 multipoint      //配置点到多点的 frame - relay
R1(config - subif)♯ip addr 10.3.3.1/30 255.255.255.252
R1(config - subif)♯no shut
R1(config - subif)♯frame - relay map ip 10.3.3.2 103 broadcast     //映射 IP 地址与帧中继地址
```

对于 R2,配置命令如下:

```
R2(config)♯int S0/0/0
R2(config - if)♯ip addr 10.2.2.2 255.255.255.252
R2(config - if)♯no shut
R2(config - if)♯encapsulation frame - relay     //在物理接口下封装 frame - relay
R2(config - if)♯no frame - relay inverse - arp     //关闭帧中继的反向 ARP 功能
R2(config - if)♯frame - relay map ip 10.2.2.1 201 broadcast     //映射 IP 地址与帧中继地址
R3(config)♯int S0/0/0
R3(config - if)♯ip addr 10.3.3.2  255.255.255.252
R3(config - if)♯no shut
R3(config - if)♯encapsulation frame - relay     //在物理接口下封装 frame - relay
R3(config - if)♯no frame - relay inverse - arp     //关闭帧中继的反向 ARP 功能
R3(config - if)♯frame - relay map ip 10.3.3.1 301 broadcast //映射 IP 地址与帧中继地址
```

2) ping

R1 分别 ping R2、R3,结果表明它们之间能相互通信,R2 ping R3 时不能相互通信。

3) 查看 R1 的 IP 接口

使用"show ip interface brief"命令,在 R1 上"show int S0/0"查看接口信息。

```
    R1♯show ip interface brief
屏幕显示:
```

Interface	IP - Address	OK? Method Status	Protocol
GigabitEthernet0/0	192.168.1.1	YES manual up	up
GigabitEthernet0/1	unassigned	YES unset administratively down	down
Serial0/0/0	unassigned	YES manual up	up
Serial0/0/0.102	10.2.2.1	YES manual up	up
Serial0/0/0.103	10.3.3.1	YES manual up	up
Serial0/0/1	unassigned	YES unset administratively down	down
Vlan1	unassigned	YES unset administratively down	down

4) 查看帧中继映射

在路由器 R1、R2、R3 上使用"show frame map"命令查看当前映射项和 DLCI 映射表的相关信息，如图 6 - 33 所示。

```
R1>en
R1#show frame-relay map
Serial0/0/0.1 (up): point-to-point dlci, dlci 102, broadcast,
status defined, active
Serial0/0/0.2 (up): point-to-point dlci, dlci 103, broadcast,
status defined, active
```

图 6 - 33　R1 上的帧中继映射

6.7　高校校园网设计与实现

6.7.1　需求分析

　　学校是为教学科研服务的，在本实例中我们将校园网分为 3 个区域：生活区、教学区和综合办公区。生活区包括后勤中心、学生宿舍、教工宿舍，每个宿舍都需要有一个网口，这对宽带接入、网页浏览、网络聊天、客户端服务的要求较高；教学区包括各系院的教学楼、实验楼，该区为教师与学生提供教学场所，这对多媒体教学、远程登录、远程访问、远程控制等要求较高；综合办公区是教职工及行政人员工作的地方，每个办公室都需要有网口，这对协同工作、信息发布、数据管理、宽带接入、网页浏览、邮件收发、资源共享的要求较高。为了保证网络通信的移动性，还要考虑配置无线接入设备的 AP，并且未来对网络的维护和扩展也是一个重要考虑因素。

　　本实例构建一个能够满足需求的网络，即完成内部局域网的组建、广域网接入与虚拟互联网 ISP 的配置。本实例主要涉及 VLSM 划分子网的技能、基本设备配置、VLAN 技术、DHCP 技术、链路聚合技术、NAT 技术、路由设置、WLAN 技术等。

　　各企事业单位在构建内部网络时，通常采用三层网络架构，即核心层、汇聚层和接入层。核心层是网络的主干部分，为达到高速转发的目的，核心层交换机应拥有更高的性能要求；接入层是网络中直接面向用户连接或访问网络的部分，主要提供交换带宽和第 2 层服务；位于接入层和核心层之间的部分称为汇聚层。根据需要选择合适的网络互联设备，在 Packet Tracer 模拟软件中提供多种型号的网络设备。接入层主要由低成本、高密度的设备组成，所以该层我们选择 Cisco2950 或 Cisco2960 普通 2 层交换机，汇聚层和核心层交换机选择 Cisco3560 3 层交换机，链接外网的路由器选择 Cisco2811。

6.7.2　设计步骤

　　本次设计的校园网是一个大型单核心网络，其网络拓扑结构如图 6 - 34 所示。

　1）核心层

　　核心层的主要设备是带路由功能的 3 层交换机 S0，其主要目的在于通过高速转发通信，提供优化、可靠的骨干传输结构。S0 作为网络数据流量的节点，也是校园网与运营商连接的交汇点，实现了校园内部网络与外部网络的连接。对于出口路由器，我们还有以下考虑：

　　（1）出口路由器不仅是整个内网的汇聚点，还是与外网互连的接口，因此它需要具有路由转发功能，其中涉及的网络协议有静态路由协议、RIP 动态路由协议。

（2）出口路由器因为暴露在校园网的最外层，因此它应该能够控制校园网内主机对网络地址的访问，起到第 1 层防火墙的作用。这其中涉及的网络协议有 ACL 访问控制列表协议。

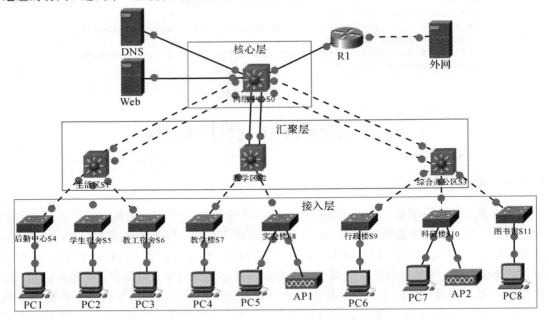

图 6-34　校园网拓扑结构

（3）为了使校园网内的终端 PC 机能够访问外网，我们采用目前比较主流的技术，即 NAT 地址转换协议。

（4）考虑到师生可能在校外需要连接局域网内的某些机器或者服务器，因此 S0 需要提供 VPN 接入服务功能。对于校外的 PC，只要能够上外网，就能够通过输入 VPN 域名及密码、用户名及密码来接入校园局域网，从而方便了师生的需求。

2）汇聚层

汇聚层由 S1（生活区）、S2（教学区）、S3（综合办公区）3 台 3 层交换机构成，为保证网络可靠性，从 S0～S3 这些 3 层交换机之间用冗余链路互连，保证核心层与汇聚层之间数据传输的可靠性。3 层交换机具备网络层的功能，其实现 VLAN 间相互访问的原理是：3 层交换机利用其路由功能，通过识别数据包的目的 IP 地址，查找路由表进行选路转发。3 层交换机利用直连路由可以实现不同 VLAN 之间的互相访问。3 层交换机给接口配置 IP 地址，采用交换虚拟接口（Switch Virtual Interface，SVI）的方式实现 VLAN 间互连，SVI 是指为交换机中的 VLAN 创建虚拟接口，并且为其配置 IP 地址。

3）接入层

接入层由 S4～S11 8 台 2 层交换机构成，并且连接了全校各部门的 PC。

在生活区中，设有 S4（后勤中心）、S5（学生宿舍）、S6（教工宿舍）3 台接入层交换机，IP 地址从 192.168.11.0 网段至 192.168.13.0 网段，每个网段对应创建一个虚拟局域网 VLAN。由于学生宿舍和教工宿舍是校园网中最主要的数据流输出地，所以需要合理地安排足够的 IP 地址数量。

在教学区中，设有 S7（教学楼）、S8（实验楼）两台接入层交换机，IP 地址从 192.168.21.0

网段至 192.168.22.0 网段，每个网段对应创建一个虚拟局域网 VLAN。在实验楼，要考虑到无线设备的接入，所以在 192.168.5.0 的交换机上需要连接 AP，实现移动终端设备的接入。

在综合办公区中，设有 S9（行政楼）、S10（科研楼）、S11（图书馆）3 台接入层交换机，IP 地址从 192.168.31.0 网段至 192.168.33.0 网段，同样在每个网段对应创建一个虚拟局域网 VLAN。考虑到移动终端设备的大量使用，可以在需要的部分设置无线接入设备 Access Point，并单独划分进各自的虚拟局域网中，为移动终端设备的便捷接入提供条件。

VLAN 及 IP 地址详细规划见表 6－7。

表 6－7　VLAN 及 IP 地址详细规划

VLAN 号	VLAN 名称	IP 网段	默认网关	说明	对应设备及端口
10	LifeArea	192.168.1.0/24	192.168.1.254	生活区	S0，fa 0/1, 0/2
20	Teaching	192.168.2.0/24	192.168.2.254	教学区	S0，fa 0/3, 0/4
30	Office	192.168.3.0/24	192.168.3.254	综合办公区	S0，fa 0/5, 0/6
40	Web	192.168.4.0/24		Web	S0，fa 0/8
50	DNS	192.168.5.0/24		DNS	S0，fa 0/9
60	outside	192.168.6.0/24		外部路由	R1，fa0/7
11	Sev. Center	192.168.11.0/24	192.168.11.254	后勤中心	fa 0/1
12	Stu. Dor	192.168.12.0/24	192.168.12.254	学生宿舍	fa 0/2
13	Tea. Dor	192.168.13.0/24	192.168.13.254	教工宿舍	fa 0/3
21	Tea. Building	192.168.21.0/24	192.168.21.254	教学楼	fa 0/4
22	Exp. Building	192.168.22.0/24	192.168.22.254	实验楼	fa 0/5
31	Adm. Building	192.168.31.0/24	192.168.31.254	行政楼	fa 0/6
32	Sci. Building	192.168.32.0/24	192.168.32.254	科研楼	fa 0/7
33	Library	192.168.33.0/24	192.168.33.254	图书馆	fa 0/7

6.7.3　配置过程

为了控制广播域和管理网络，会创建多个虚拟局域网。在各个交换机之间的链路上，要将对应的 VLAN 分配至对应的端口通道。在设置共享端口时，要先配置封装协议 802.1Q，这样它才能作为共享端口。在本校园网设计中，除了综合办公区以外，生活区和教学区的交换机和虚拟局域网之间都是一一对应关系，这样在网络设备上的拓扑结构就相对简单。

采用由顶向下的过程进行配置。

1. 配置路由器

路由器 R1 主要起到连接核心交换机和外网的作用，在有了直连路由项的基础上，为实现非直连的跨 VLAN 间的连通，需要在 R1 和 3 层交换机之间建立动态路由项，使得每个 3 层交换机都拥有一个通往虚拟局域网内所有网段的路由条目，从而实现校园网内任意虚拟局域网间的连通。

　　3 层交换机作为核心交换机，利用 OSPF 动态路由协议创建的动态路由项指明通往非直连 VLAN 的传输路径的动态路由项，进而实现了 IP 分组转发。在配置 OSPF 时，首先要创建 OSPF 进程，再通告接口 IP 地址属于的 CIDR 地址块，使该接口能够接收和发送 OSPF 报文。

　　1）出口路由器配置

```
R1>enable
R1#configure terminal //进入全局配置模式
R1(config)#interface FastEthernet0/0    //进入 fa0/0 端口
R1(config-if)#ip address 192.168.6.1 255.255.255.0    //配置 fa0/0 端口 IP 地址
R1(config-if)#ip nat inside    //将 fa0/0 设置成内网口
R1(config-if)#no sh
R1(config-if)#exit
R1(config)#
R1(config)#interface FastEthernet0/1    //进入 fa0/1 端口
R1(config-if)#ip address 210.1.1.1 255.255.255.252    //配置 fa0/1 端口 IP 地址
R1(config-if)#ip nat outside    //将 fa0/1 设置成外网口
R1(config-if)#no sh
R1(config-if)#exit
R1(config)#access-list 5 permit any    //设置访问列表允许内网对外网的所有访问
R1(config)#ip nat inside source list 5 interface fa0/1 overload
//配置网络地址转换，将内网地址转换成路由器 fa0/1 端口地址加端口号
R1(config)#ip route0.0.0.0 0.0.0.0 210.1.1.2    //配置路由器的指向外网的默认路由
R1(config)#router ospf 400    //配置动态路由协议 OSPF
R1(config-router)#network 192.168.6.00.0.0.3 area 0
R1(config-router)#default-information originate    //向内网宣告默认路由信息
```

　　2）地址转换配置

　　在本校园网中的 R1 中配置 NAT 转换，将校园内部 IP 地址转换为公网 IP 地址，首先建立公网 IP 地址池与校园网内部 IP 地址间的联系，将访问列表中指定的内部 IP 地址的范围与公网 IP 地址池绑定在一起。然后将路由器连接的内部网络和公网网络的端口进行定义，连接内部网络的端口设为"ip nat inside"，连接公网网络的端口设为"ip nat outside"。

　　"出口路由器配置"中已经完成地址转换的配置，也可以使用下面的方式进行配置。

```
R1(config)#ip nat pool JMU 210.1.1.0 210.1.1.254 netmask 255.255.255.0
            //创建名为 JMU 的 IP 地址池，该地址池定义了用于 NAT 转换的内部全局地址
R1(config)#access-list 1 permit 192.168.0.0 0.0.255.255
            //创建允许转发的访问控制列表
R1(config)#ip nat inside source list 1 pool JMU overload
            //加载 NAT 端口，映射网内 Web 服务器(192.168.1.2)的 80 端口到外网
R1(config)#ip nat inside source static tcp 192.168.6.1 80 210.1.1.1 80
            //在 R1 的出口处配置端口静态映射，将其配置为可以被外部网络访问
```

2. 配置核心层交换机

本方案中，核心层交换机是 S0，创建的 VLAN 为 10、20、30，分别对应于生活区、教学区和办公区，每个 VLAN 都要配置相应的 IP 地址。用命令行的方式配置如下：

1) VLAN 配置

(1) 创建 VLAN。

```
S0 # vlan database       //进入 vlan 配置模式
S0(vlan) # vlan 10 name LifeArea       //创建 vlan 号为 10，并命名为 life(生活区 vlan)
S0(vlan) # vlan 20 name teaching       //创建 vlan 号为 20，并命名为 teaching(教学区 vlan)
S0(vlan) # vlan 30 name office       //创建 vlan 号为 30，并命名为 office(办公区 vlan)
S0(vlan) # vlan 40 name WEB
S0(vlan) # vlan 50 name DNS
S0(vlan) # exit
```

(2) 配置 3 层交换机实现 VLAN 通信(配置交换机各 VLAN 接口 IP 地址并启用路由功能)。

```
S0 # config terminal //进入全局配置模式
S0(config - if) # int vlan 10       //进入 vlan 10 接口模式
S0(config - if) # ip address 192. 168. 1. 254 255. 255. 255. 0       //配置 vlan 10 的接口 IP 地址
S0(config - if) # no shutdown
S0(config - if) # int vlan 20       //进入 vlan 20 接口模式
S0(config - if) # ip address192. 168. 2. 254 255. 255. 255. 0       //配置 vlan 20 的接口 IP 地址
S0(config - if) # no shutdown
S0(config - if) # int vlan 30       //进入 vlan30 接口模式
S0(config - if) # ip address192. 168. 3. 254 255. 255. 255. 0       //配置 vlan 30 的接口 IP 地址
S0(config - if) # no shutdown
S0(config - if) # int vlan 40       //进入 vlan 40 接口模式
S0(config - if) # ip address192. 168. 4. 254 255. 255. 255. 0       //配置 vlan 40 的接口 IP 地址
S0(config - if) # no shutdown
S0(config - if) # int vlan 50       //进入 vlan 50 接口模式
S0(config - if) # ip address 192. 168. 5. 254 255. 255. 255. 0       //配置 vlan 50 的接口 IP 地址
S0(config - if) # no shutdown
S0(config - if) # exit
```

(3) 不同子网端口划入不同的 VLAN。

```
S0(config) # int range f0/1 - 2
S0(config - if - range) # channel - group 1 mode active
S0(config - if - range) # channel - protocol lacp
S0(config) # int port - channel 1
S0(config - if) # switchport mode access
S0(config - if) # switchport access vlan 10

S0(config) # int range f0/3 - 4
S0(config - if - range) # channel - group 2 mode active
```

```
S0(config - if - range) # channel - protocol lacp
S0(config) # int port - channel 2
S0(config - if) # switchport mode access
S0(config - if) # switchport access vlan 20

S0(config) # int range f0/5 - 6
S0(config - if - range) # channel - group 3 mode active
S0(config - if - range) # channel - protocol lacp
S0(config) # int port - channel 3
S0(config - if) # switchport mode access
S0(config - if) # switchport access vlan 30

S0(config) # interface FastEthernet0/8
S0(config - if) # switchport access vlan 40
S0(config - if) # exit
S0(config) # interface FastEthernet0/9
S0(config - if) # switchport access vlan 50
```

S0 配置完后，用"show ip route"命令可以看到其具体配置，如图 6 - 35 所示。

```
S0#sh ip route
Codes: C - connected, S - static, I - IGRP, R - RIP, M - mobile, B - BGP
       D - EIGRP, EX - EIGRP external, O - OSPF, IA - OSPF inter area
       N1 - OSPF NSSA external type 1, N2 - OSPF NSSA external type 2
       E1 - OSPF external type 1, E2 - OSPF external type 2, E - EGP
       i - IS-IS, L1 - IS-IS level-1, L2 - IS-IS level-2, ia - IS-IS inter area
       * - candidate default, U - per-user static route, o - ODR
       P - periodic downloaded static route

Gateway of last resort is not set

C    192.168.1.0/24 is directly connected, Vlan10
C    192.168.2.0/24 is directly connected, Vlan20
C    192.168.3.0/24 is directly connected, Vlan30
C    192.168.4.0/24 is directly connected, Vlan40
C    192.168.5.0/24 is directly connected, Vlan50
     192.168.6.0/30 is subnetted, 1 subnets
C       192.168.6.0 is directly connected, FastEthernet0/7
```

图 6 - 35　S0 的 VLAN 配置

2）路由配置

为了保证与外网的联通，需要在 S0 上配置路由过程如下：

```
S0(config) # ip routing //开启路由功能
S0(config) # int f0/7 //进入 7 号端口
S0(config - if) # no switchport //关闭交换机 1 号端口的二层功能
S0(config - if) # ip address 192.168.6.2 255.255.255.0 //配置 fa0/1 端口 IP 地址
S0(config - if) # no shutdown
S0(config - if) # exit
S0(config) # router ospf 100 //配置动态路由协议 OSPF
S0(config - router) # network 192.168.1.0 0.0.0.255 area 0
```

```
S0(config - router)#network 192.168.2.0 0.0.0.255 area 0
S0(config - router)#network 192.168.3.0 0.0.0.255 area 0
S0(config - router)#network 192.168.4.0 0.0.0.255 area 0
S0(config - router)#network 192.168.5.0 0.0.0.255 area 0
```

3) 服务器配置

服务器是为网络应用提供服务的一组计算机系统，包括硬件系统和软件系统。硬件系统的服务器构成与我们平常接触到的 PC 机相似，但在稳定性、安全性的性能方面要求更高；软件系统的服务器为网络提供特定的应用层服务，也称为应用服务器，常见的有实现网页浏览的 Web 服务器、进行域名解析的 DNS 服务器和发送电子邮件的 E-mail 服务器等。在本校园网中设置了一台 Web 服务器和一台 DNS 服务器，用于校园网站的建设，除此之外与 S0 相连的，还有 Web 和 DNS 路由器，分别用于网页浏览和域名解析。

3. 配置汇聚层交换机

以生活区交换机 S1 为例，其他汇聚层上的交换机 S2、S3 也可用类似的方法进行配置。可以用进入 S1 的 Config 图形界面设置的方式，也可以用命令行的方式，用命令行的方式设置如下：

```
S1#vlan database        //进入 vlan 配置模式
S1(vlan)#vlan 10 name LifeArea      //创建 vlan 10 并命名为 Life
S1(vlan)#vlan 11 name Log. Cen      //创建 vlan 11 并命名为 Log. Cen
S1(vlan)#vlan 12 name Stu. Dor      //创建 vlan 12 并命名为 Stu. Dor
S1(vlan)#vlan 13 name Tec. Dor      //创建 vlan 13 并命名为 Tec. Dor
S1(vlan)#exit
S1#config terminal              //进入全局配置模式
S1(config)#int vlan 10          //进入 vlan l0 接口模式
S1(config - if)#ip address 192.168.1.1 255.255.255.0      //配置 vlan 10 的接口 IP 地址
S1(config - if)#no shutdown
S1(config - if)#int vlan 11          //进入 vlan 11 接口模式
S1(config - if)#ip address 192.168.11.254 255.255.255.250 //配置 vlan 11 的接口 IP 地址
S1(config - if)#no shutdown
S1(config - if)#exit
S1(config - if)#int vlan 12          //进入 vlan 12 接口模式
S1(config - if)#ip address 192.168.12.254 255.255.255.0    //配置 vlan 12 的接口 IP 地址
S1(config - if)#no shutdown
S1(config - if)#exit
S1(config - if)#int vlan 13          //进入 vlan 13 接口模式
S1(config - if)#ip address 192.168.13.254 255.255.255.250 //配置 vlan 13 的接口 IP 地址
S1(config - if)#no shutdown
S1(config - if)#exit
S1(config)#int f0/1            //进入 1 号端口
S1(config - if)#switchport access vlan 11                //把 1 号端口分配给 vlan 11
S1(config)#int f0/2            //进入 2 号端口
```

```
S1(config - if)♯switchport access vlan 12          //把2号端口分配给 vlan 12
S1(config)♯int f0/5                                //进入5号端口
S1(config - if)♯switchport access vlan 13          //把5号端口分配给 vlan 13
S1(config)♯int range f0/6 - 7
S1(config - if - range)♯channel - group 1 mode active
S1(config - if - range)♯channel - protocol lacp
S1(config)♯int port - channel 1
S1(config - if)♯switchport mode access
S1(config - if)♯switchport access vlan 10
S1(config)♯router ospf 100                         //配置动态路由协议 OSPF
S1(config - router)♯network 192.168.1.0 0.0.0.255 area 0
S1(config - router)♯ network 192.168.11.0 0.0.0.255 area 0
S1(config - router)♯ network 192.168.12.0 0.0.0.255 area 0
S1(config - router)♯ network 192.168.13.0 0.0.0.255 area 0
```

S2 和 S3 的配置与此类似。

4. 配置接入层交换机

接入层交换机由 S4~S11 8 台 2 层交换机构成，这 8 台 2 层交换机直接连接各片区的主机。接入层交换机需配置两种协议，与主机相连的端口配置 Access 协议，并把对应的 VLAN 划入端口，由于各交换机只负责一个虚拟局域网的数据转发，所以与汇聚层相连的端口也配置成 Access 协议。

以图 6 - 33 左下角的生活区为例，该生活区有一个 3 层交换机 S1 和 3 个 2 层交换机 S4、S5、S6，这是一个以 3 层交换机为核心的交换式结构。首先，在 2 层交换机上分别创建 VLAN 11、VLAN 12 和 VLAN13，并将对应的端口通道分配给相应的 VLAN，其中连接主机的接入端口是非标记的端口，即 Access 端口。由于该网络结构的 2 层交换机与虚拟局域网是一一对应的，所以在 2 层交换机连接 3 层交换机 S1 的链路上的端口通道都是非标记端口 Access，然后将对应的 VLAN 分配至端口通道。将 VLAN 下的主机默认网关分别设置为相应虚拟接口的 IP 地址。

以后勤中心 S4 的配置为例，其主要配置过程为：

```
S4>enable      //进入特权模式
S4♯conf t      //进入终端配置模式
S4(config)♯vlan 11        //创建 VLAN 11
S4(config - vlan)♯exit      //退出 VLAN 11 配置，返回上一级
S4(config)♯ int range f0/1 - 24      //进入快速以太网端口 1 配置模式
S4(config - if)♯switchport access vlan 11      //将端口 1 分配到 VLAN 11
```

5. 链路聚合

本实例中，网络中心的交换机是作为校园网各区域之间的数据节点的，同时也是通往外网的通道，为了提高交换机之间的传输速率，增加传输的可靠性，需要在通往网络中心的链路上使用链路聚合技术，将两条物理链路聚合为一个端口通道 port - channel，其主要配置过程如下：

```
S1>en
S1♯conf t
S1(config)♯int range f0/6 - f0/7
S1(config - if - range)♯channel - group 1 mode active    //将物理接口指定到已创建的通道中，模式为 active
显示：Creating a port - channel interface Port - channel 1
S1(config - if - range)♯channel - protocol lacp       //把端口配置为 LACP 的 passive
S1(config - if - range)♯exit
S1(config)♯port - channel load - balance src - dst - mac      //配置以太通道的负载均衡方式，基于源
                                                           目的 MAC 地址
```

6.7.4　测试过程

1. 生活区连通性测试

进入 PC1 的"Desktop/Command Prompt"，对同一个局域网 VLAN0 内的 PC2 进行 ping 操作，结果如图 6 - 36 所示。

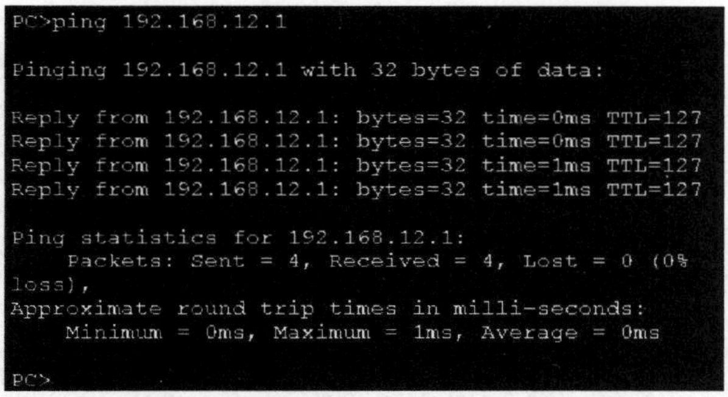

图 6 - 36　生活区连通性测试结果

2. 生活区与教学区连通性测试

进入 PC1 的"Desktop/Command Prompt"，对教学区同一个局域网 VLAN11 内的 PC4 进行 ping 操作，结果如图 6 - 37 所示。

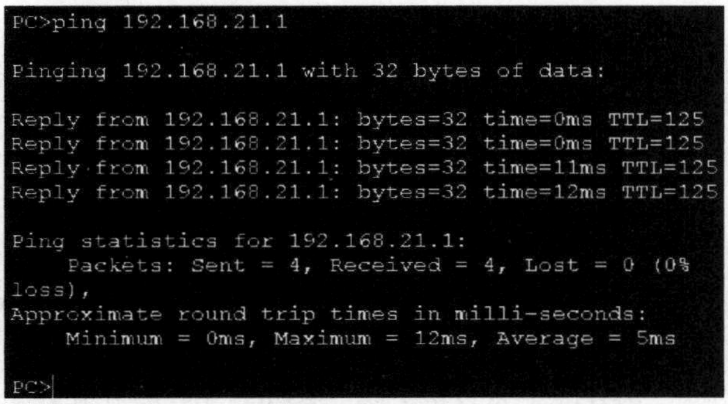

图 6 - 37　生活区与教学区连通性测试结果

3. 访问 Web 服务器测试

进入 PC1 的"Desktop/Command Prompt"，对 Web 服务器进行 ping 操作，测试结果

如图 6-38 所示。

```
PC>ping 192.168.4.1

Pinging 192.168.4.1 with 32 bytes of data:

Reply from 192.168.4.1: bytes=32 time=1ms TTL=126
Reply from 192.168.4.1: bytes=32 time=0ms TTL=126
Reply from 192.168.4.1: bytes=32 time=0ms TTL=126
Reply from 192.168.4.1: bytes=32 time=0ms TTL=126

Ping statistics for 192.168.4.1:
    Packets: Sent = 4, Received = 4, Lost = 0 (0%
loss),
Approximate round trip times in milli-seconds:
    Minimum = 0ms, Maximum = 1ms, Average = 0ms

PC>
```

图 6-38　访问 Web 服务器测试结果

4. 访问 DNS 服务器测试

进入 PC1 的"Desktop/Command Prompt"，对 DNS 服务器进 ping 操作，测试结果如图 6-39 所示。

```
PC>ping 192.168.5.1

Pinging 192.168.5.1 with 32 bytes of data:

Reply from 192.168.5.1: bytes=32 time=0ms TTL=126
Reply from 192.168.5.1: bytes=32 time=0ms TTL=126
Reply from 192.168.5.1: bytes=32 time=0ms TTL=126
Reply from 192.168.5.1: bytes=32 time=0ms TTL=126

Ping statistics for 192.168.5.1:
    Packets: Sent = 4, Received = 4, Lost = 0 (0%
loss),
Approximate round trip times in milli-seconds:
    Minimum = 0ms, Maximum = 0ms, Average = 0ms

PC>
```

图 6-39　访问 DNS 服务器测试结果

5. 访问外网测试

进入 PC1 的"Desktop/Command Prompt"，对外网主机进行 ping 操作，测试结果如图 6-40 所示。

```
PC>ping 201.1.1.2

Pinging 201.1.1.2 with 32 bytes of data:

Reply from 201.1.1.2: bytes=32 time=0ms TTL=125
Reply from 201.1.1.2: bytes=32 time=1ms TTL=125
Reply from 201.1.1.2: bytes=32 time=0ms TTL=125
Reply from 201.1.1.2: bytes=32 time=0ms TTL=125

Ping statistics for 201.1.1.2:
    Packets: Sent = 4, Received = 4, Lost = 0 (0%
loss),
Approximate round trip times in milli-seconds:
    Minimum = 0ms, Maximum = 1ms, Average = 0ms

PC>
```

图 6-40　访问外网测试结果

6.8　网络故障排除实例

6.8.1　故障排除思路及实例概况

1. 故障排除思路

在网络和运行管理过程中，常常会发生故障，一个好的故障排除方法可以节约金钱和时间。技术人员在进行网络配置时，应该提前撰写相关文档，这将有助于快速查找问题。分层的方法可以用来排除逻辑网络模型（如 OSI 参考模型）的故障。上层（5～7 层）处理软件应用程序的问题，下层（1～4 层）处理数据传输的问题。在 1 层和 2 层将数据放置于物理介质中，在 3 层和 4 层实现软件配置。通常在排除故障时，需要从症状中收集信息，隔离问题，然后纠正问题。故障排除方法主要包括：

（1）自底向上故障排除法：从物理层工作方式开始查，因为大多数网络问题都来自于底层，如断线或者接触不良。

（2）自顶向下故障排除法：从第 7 层终端用户的应用程序开始查。

（3）分治故障排除法：需要搜集问题的用户体验，记录并预测哪些层可能有问题。如果该层功能正常，则故障在上层。如果该层功能不正常，则故障在下层。

收集症状可以让网络管理员分析网络的功能，这使他能够正确诊断网络故障和异常，也可借助解决和分析网络症状的工具来诊断网络故障，包括基线工具、协议分析仪、网络管理工具等，例如 Gold NMS 软件以及谷歌等在线知识网站。

具有说明文档的网络图是正确地解决和诊断网络问题的唯一方法。一个网络的物理图应包括设备类型、构建和模型等。网络的逻辑图应包括接口标识符、连接类型、路由协议和连接速率等。

在 Cisco Packet Tracer 中排除网络故障时，首先采用 ping 命令测试设备间的连通性，建立相应的网络故障症状收集表，然后分析导致网络故障的原因，逐步缩小网络故障出现的范围。在设备配置界面中，可使用 show run 命令查看设备现有的配置，观察可能存在的问题。针对接口配置，可使用 show interface serial 命令，查看具体的接口状态和相关配置。对于存在故障无法直接登录的设备，可使用 telnet 命令，从其他设备远程登录访问。

每排除一个故障后，要及时测试网络运行是否已恢复，有无导致新故障，并将已排除的故障和相应的操作进行记录，以备查阅。如果网络故障已被排除，则将此故障隔离，缩小故障范围，有利于集中解决剩余的故障问题。

2. 协议各层典型故障

1）物理层故障

物理层故障的症状可能包括连接丢失、高碰撞率、性能降低等，问题可能与硬件、布线等因素有关。物理层故障，可以从电源问题、电缆连接问题及接口配置问题等方面着手。

（1）电源故障：为路由器等设计添加网卡等模块，或者对计算机添加无线网卡等模块时，需要将设备的电源关闭，然后再重启电源。如果电源关闭，则连接的接口之间将无法通信。

（2）在网络设备连接中，需要使用到多种线缆类型，包括直通线缆、交叉线缆、光纤、串行线缆等。不同类型的设备接口和网络所要求连接的线缆类型不同,如直通线缆用于不同类型设备之间的连接;交叉线缆用于同种类型设备之间的连接;串行线缆用于 WAN 中连接路由器的串行接口;光纤用于 100 Mb/s 带宽及以上的网络。如果所选用的线缆和连接的接口、网络类型不匹配,那么设备之间将无法工作。

(3)接口配置故障:除了使用线缆连接接口以外,还需要对计算机、交换机、路由器等设备的接口进行配置,如 IP 地址、子网掩码、带宽、生成树、通信模式、时钟频率、控制台、路由协议等。接口配置的正确与否直接关系到设备之间的数据传输能否正常进行,此外,必须对所用接口执行"no shutdown"命令,将相关的接口打开。

2) 数据链路层故障

数据链路层故障的症状包括网络层之上无连接,网络性能降低,出现过多的广播和控制错误消息。数据链路层问题的原因包括封装、地址映射、帧错误和 STP 故障或环路。

(1)封装错误:数据链路层的一项重要功能是将网络层交付的数据封装成帧,实现与数据链路的接入控制。在不同类型的网络中,数据封装帧的格式不同,如以太网中需要使用以太网帧,无线网络中需要使用无线数据帧。路由器根据传输数据的网络类型,将帧封装成不同的格式。如果帧的格式与所传输的网络类型不符,或不是接收方所预期接收的格式,便会出现帧的封装错误问题。另外必须注意的是,链路两端数据封装的帧格式必须保持一致。

(2)身份验证配置错误:如果配置了身份验证协议,则通信双方必须通过验证才允许连接。在配置身份验证协议时,必须在双方设备上均进行配置。

3) 网络层故障

网络层故障的症状主要是网络故障以及性能低于正常水平,故障主要需要检查拓扑结构的变化和路由问题,其中可能包括网络关系和拓扑数据库问题。当路由协议配置错误时,数据将无法转发至目的主机。

路由协议分为静态路由协议和动态路由协议两种。若路由协议配置不正确,那么将会导致路由性能低下或部分网络不可达。

在配置静态路由协议时,须指出正确的下一跳地址或接口,以防出现路由错误从而导致网络不可达。动态路由协议包括 IP 和 OSPF 等协议,配置时须指明适用的网络。另外,对于私有网络,还需使用"no auto summary"命令关闭路由协议的自动汇总功能,采用手工汇总的方式通告路由。

4) 传输层故障

传输层故障的症状主要包括网络间歇性断续、频繁丢包和数据泄露。故障原因主要有端口开启错误、协议不匹配、并发资源不足、安全和地址转换问题。

故障排除时,需要检查端口是否正确配置并启用,确认两端设备是否支持相同的协议,使用性能分析工具找出瓶颈点。此外,还需要检查动态主机控制协议(DHCP)相关的配置和加密隧道协议的错误。

5) 应用层故障

应用层离用户最近,包括 HTTP、FTP、Telnet、TFTP 等协议。应用层的问题包括应用程序性能缓慢、应用程序和控制台错误消息等。故障排除时,需要验证默认网关连接、验证网络地址翻译(NAT)和访问控制列表(ACL)操作。

若应用层发生故障,会导致其无法对应用程序提供服务,还会导致资源不可使用。关于应用层故障的排除,可使用相关服务的命令进行测试,如 Telnet 可测试设备之间的连通性,当需要维护无法登录的设备时,可在远程设备上进行配置。

3. 实例介绍

本实例借助思科公司的一个企业网故障排除实例,介绍一些故障排除的思路和方法,我们利用掌握的知识,纠正其中的错误,从而满足设计需求,保证网络正常运行。其企业网拓扑图如图 6-41 所示。

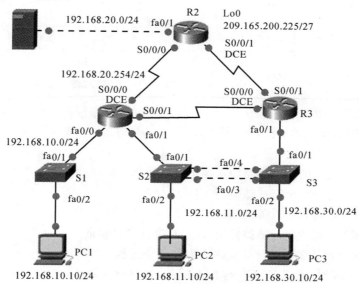

图 6-41 故障排除实例拓扑图

其 IP 配置如表 6-8 所示。

表 6-8 IP 地址配置

设 备	接 口	IP 地址	子网掩码	缺省网关
R1	fa0/0	192.168.10.1	255.255.255.0	N/A
	fa0/1	192.168.11.1	255.255.255.0	N/A
	S0/0/0	10.1.1.1	255.255.255.252	N/A
	S0/0/1	10.3.3.1	255.255.255.252	N/A
R2	fa0/1	192.168.20.1	255.255.255.0	N/A
	S0/0/0	10.1.1.2	255.255.255.252	N/A
	S0/0/1	10.2.2.1	255.255.255.252	N/A
	Lo0	209.165.200.225	255.255.255.224	209.165.200.226
R3	fa0/1	N/A	N/A	N/A
	fa0/1.11	192.168.11.3	255.255.255.0	N/A
	fa0/1.30	192.168.30.1	255.255.255.0	N/A
	S0/0/0	10.3.3.2	255.255.255.252	N/A
	S0/0/1	10.2.2.2	255.255.255.252	N/A

续表

设　备	接　　口	IP 地址	子网掩码	缺省网关
S1	VLAN10	DHCP	255.255.255.0	N/A
S2	VLAN11	192.168.11.2	255.255.255.0	N/A
S3	VLAN30	192.168.30.2	255.255.255.0	N/A
PC1	NIC	DHCP	DHCP	DHCP
PC2	NIC	192.168.11.10	255.255.255.0	192.168.11.1
PC3	NIC	192.168.30.10	255.255.255.0	192.168.30.1
TFTP Server	NIC	192.168.20.254	255.255.255.0	192.168.20.1

本实例的具体需求为：

（1）S2 是 VLAN11 的根桥，S3 是 VLAN30 的根桥。

（2）S3 是一个 VTP 服务器，而 S2 是客户端。

（3）R1 和 R2 之间的串行链路使用帧中继封装。

（4）R2 和 R3 之间的串行链路使用 HDLC 封装。

（5）R1 和 R3 之间的串行链路使用 PPP 封装。

（6）R1 和 R3 之间的串行链路使用 CHAP 进行身份验证。

（7）R2 是边界路由器，因此需要一个安全登录过程。

（8）所有 vty 线路（属于 R2 的 vty 线路除外）都只允许来自如图 6-40 所示的子网的连接，不包括公有地址。

（9）对于所有未连接到其他路由器的链路，应当防止出现源 IP 地址欺骗的现象。

（10）R3 不能通过直接相连的串行链路 Telnet 至 R2。

（11）R3 通过 fa0/0 可以访问 VLAN11 和 VLAN30。

（12）TFTP 服务器应该不能获得源地址位于子网之外的网络的任何流量，所有设备均能够访问 TFTP 服务器。

（13）位于 192.168.10.0 子网的所有设备能够通过 DHCP 从 R1 上动态获取 IP 地址。

（14）必须能从每台设备访问拓扑图中显示的所有地址。

6.8.2　STP 故障排除

根据 6.8.1 的需求（1）"S2 要成为 VLAN11 的根桥，S3 要成为 VLAN30 的根桥"，我们知道：选择根网桥的依据是网桥 ID，网桥 ID 由网桥优先级和网桥 MAC 地址组成。网桥的默认优先级是 32768。当使用"show mac-address-table"命令时，显示在最前面的 MAC 地址就是计算时所使用的 MAC 地址。

网桥 ID 值小的为根网桥，当优先级相同时，MAC 地址小的为根网桥。在 STP 中根桥的选举规则是：先比较各网桥的优先级（PVST 模式默认为 32768＋vlan ID），优先级小的优先，如果优先级一样，再比较 MAC 地址，MAC 地址小的成为根桥。

所以，我们要查看 S2 和 S3 两台设备关于 VLAN11 和 VLAN30 两个实例的优先级各配置为多少，如图 6-42 和图 6-43 所示。

```
S2>show spanning-tree
VLAN0011
  Spanning tree enabled protocol ieee
  Root ID    Priority    32779
             Address     00E0.A380.CD1C
             This bridge is the root
             Hello Time  2 sec  Max Age 20 sec  Forward Delay 15 sec

   Bridge ID  Priority    32779   (priority 32768 sys-id-ext 11)
             Address     00E0.A380.CD1C
             Hello Time  2 sec  Max Age 20 sec  Forward Delay 15 sec
             Aging Time  20

Interface          Role Sts Cost        Prio.Nbr Type
---------------- ---- --- --------- -------- --------------------------
fa0/1              Desg FWD 19          128.1    P2p
fa0/2              Desg FWD 19          128.2    P2p
```

图 6 - 42　S2 的生成树信息

```
S3>show spanning-tree
VLAN0011
  Spanning tree enabled protocol ieee
  Root ID    Priority    28683
             Address     0050.0FCE.8E14
             This bridge is the root
             Hello Time  2 sec  Max Age 20 sec  Forward Delay 15 sec

   Bridge ID  Priority    28683   (priority 28672 sys-id-ext 11)
             Address     0050.0FCE.8E14
             Hello Time  2 sec  Max Age 20 sec  Forward Delay 15 sec
             Aging Time  20

Interface          Role Sts Cost        Prio.Nbr Type
---------------- ---- --- --------- -------- --------------------------
fa0/1              Desg FWD 19          128.1    P2p
fa0/3              Desg FWD 19          128.3    P2p
fa0/4              Desg FWD 19          128.4    P2p


VLAN0030
  Spanning tree enabled protocol ieee
  Root ID    Priority    24606
             Address     0050.0FCE.8E14
             This bridge is the root
             Hello Time  2 sec  Max Age 20 sec  Forward Delay 15 sec

   Bridge ID  Priority    24606   (priority 24576 sys-id-ext 30)
             Address     0050.0FCE.8E14
             Hello Time  2 sec  Max Age 20 sec  Forward Delay 15 sec
             Aging Time  20

Interface          Role Sts Cost        Prio.Nbr Type
---------------- ---- --- --------- -------- --------------------------
fa0/1              Desg FWD 19          128.1    P2p
fa0/2              Desg FWD 19          128.2    P2p
fa0/3              Desg FWD 19          128.3    P2p
fa0/4              Desg FWD 19          128.4    P2p
```

图 6 - 43　S3 的生成树信息

如此对比可得，对于 VLAN11，S2 的优先级为 32779，S3 的优先级为 28683，S3 默认优先级小，这样的话 S3 将成为 VLAN11 的根桥，所以需要修改。

S2(config)♯ spanning - tree vlan 11 priority 4096

修改后，S2 才成为 VLAN11 的根网桥。

6.8.3 VTP 故障排除

回顾 6.8.1 的需求(2),"S3 是一个 VTP 服务器,而 S2 是客户端"。

虚拟局域网中继协议(VLAN Trunking Protocol,VTP)是 OSI 参考模型数据链路层的通信协议,主要用于在整个交换机网络中分发和同步 VLAN 相关信息,使整个网络的 VLAN 信息保持一致,从而大大减少了网络管理员的工作量。VTP 属于思科的专有协议,支持大部分的思科产品。

在 VTP 的配置中,需要决定交换机的模式,即服务器、客户端或透明模式,不同模式的交换机管理及通告 VLAN 的方式不同。其中,在 VTP 服务器模式的交换机中,可以创建、修改和删除整个 VTP 域中的 VLAN;而在 VTP 客户端模式的交换机中,不允许创建、修改或删除 VLAN,只能从 VTP 服务器交换机接收 VLAN 配置的通告信息,并存储到 VLAN 数据库中;VTP 透明模式的交换机,可以从中继链路接收 VTP 通告,并将通告转发给网络中的其他交换机,而其自身不与其他交换机同步配置信息。

由于 VTP 是基于 VLAN 的划分而使用的,因此,在检查 VTP 配置故障前,通常需要确保 VLAN 的配置无误。根据以上常见的 VTP 配置故障,可以使用以下命令和步骤帮助排查故障:

(1)"show vlan brief"命令可以查看 VLAN 概况,检查 VLAN 划分是否完整齐全,端口是否正确接入到 VLAN 中。

通过在 S2 和 S3 中运行"show vlan brief"命令,可以观察到 VLAN11 和 VLAN30 都已划分,且端口已正确接入并且激活,处于"active"状态。

(2)"show interfaces vlan–number"命令可以查看 VLAN 是否开启,管理 VLAN 的接口 IP 地址是否配置正确。

通过在 S2 和 S3 中,运行"show interfaces vlan 11"和"show interfaces vlan 30"命令,可以查看 VLAN 的接口 IP 地址配置。

(3)"show interfaces trunk"命令可以查看中继链路以及其所支持传输的 VLAN 序号列表是否正确,结果如图 6–44、图 6–45 所示。

```
S3>show interfaces trunk
Port      Mode           Encapsulation  Status        Native vlan
fa0/1     on             802.1q         trunking      1
fa0/3     on             802.1q         trunking      1
fa0/4     on             802.1q         trunking      1
    //fa0/1,0/2,0/3是trunk链路,封装协议802.1q,默认Native vlan为1
Port      Vlans allowed on trunk
fa0/1     11,30
fa0/3     11,30  ◄──  3个接口,均允许VLAN11,VLAN30的数据通过
fa0/4     11,30

Port      Vlans allowed and active in management domain
fa0/1     11,30
fa0/3     11,30
fa0/4     11,30

Port      Vlans in spanning tree forwarding state and not pruned
fa0/1     11,30
fa0/3     11,30  ◄── 没有被修剪的VLAN
fa0/4     11,30
```

图 6–44 S3 的 trunk 状态

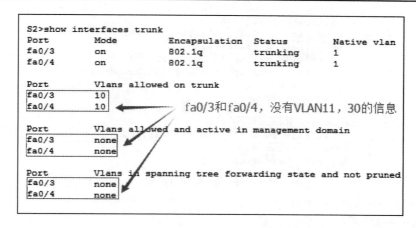

```
S2>show interfaces trunk
Port           Mode            Encapsulation   Status         Native vlan
fa0/3          on              802.1q          trunking       1
fa0/4          on              802.1q          trunking       1

Port           Vlans allowed on trunk
fa0/3          10
fa0/4          10

Port           Vlans allowed and active in management domain
fa0/3          none
fa0/4          none

Port           Vlans in spanning tree forwarding state and not pruned
fa0/3          none
fa0/4          none
```

fa0/3和fa0/4，没有VLAN11，30的信息

图 6 - 45　S2 的 trunk 状态

由图可以看到，S2 的 fa0/3 和 fa0/4 端口并没有 VLAN11 和 VLAN30 的消息，说明属于这个 VLAN 的数据帧不能通过，导致 VTP 工作不正常。因此，可以从这时考虑进行修改，用"♯switchport trunk allowed vlan 11,30"命令进行修改。

（4）"show VTP status"命令可以查看 VTP 的版本、修订版本号、配置模式、域名等是否存在问题，这些故障及处理方式见表 6 - 9。

表 6 - 9　VTP 状态故障及处理方式

故障现象	修改命令	说　明
版本号错误	VTP version number	一个 VTP 域中仅允许使用一个 VTP 版本
VTP 域名不一致	VTP domain	同一个 VTP 域的交换机必须精确匹配
口令不一致	VTP password	用 show VTP password 来检查各交换机口令
缺少服务器模式	VTP mode server	每个 VTP 域中至少需要一台服务器交换机

6.8.4　WAN 链路故障排除

回顾 6.8.1 节的需求（3）、（4）、（5）、（6）："R1 和 R2 之间的链路使用帧中继封装；R2 和 R3 之间的链路使用 HDLC 封装；R1 和 R3 之间的链路使用 PPP 封装；R1 和 R3 之间的链路使用 CHAP 认证"。这些均涉及广域网的连接，因此，可以针对每一条连接，来检查其状态。

1）查看接口配置

用"show running - config"命令来查看 R1、R2、R3 的接口配置，如图 6 - 46、图 6 - 47、图 6 - 48 所示。采用"show running - config"命令显示激活的配置文件，通过执行该命令可以查看带宽的设置、封装的协议是否为帧中继，以及本地管理接口（Local Management Interface，LMI）的类型。

R1♯ show running - config

```
interface Serial0/0/0
 ip address 10.1.1.1 255.255.255.252
 encapsulation frame-relay
 frame-relay map ip 10.1.1.1 201
 frame-relay map ip 10.1.1.2 201 broadcast
 no keepalive
 clock rate 4000000
!
interface Serial0/0/1
 ip address 10.3.3.1 255.255.255.252
 encapsulation ppp
 ppp authentication chap
```

图 6 - 46　R1 的接口配置

R1♯show running – config

```
interface Serial0/0/0
 ip address 10.1.1.2 255.255.255.252
 encapsulation frame-relay
 frame-relay map ip 10.1.1.1 201 broadcast
 no keepalive
 ip nat inside
!
interface Serial0/0/1
 ip address 10.2.2.1 255.255.255.252
 ip access-group R3-telnet in
 ip nat inside
 clock rate 64000
```

```
interface Serial0/0/0
 ip address 10.3.3.2 255.255.255.252
 encapsulation ppp
 ppp authentication chap
 clock rate 4000000
!
interface Serial0/0/1
 ip address 10.2.2.2 255.255.255.252
```

图 6 - 47　R2 的接口配置　　　　　　　图 6 - 48　R3 的接口配置

从图 6 - 46～图 6 - 48 可以观察到，R1、R2 之间帧中继连接正常，R1、R3 之间 PPP 连接正常。

2）查看接口状态

用"show interface serial 0/0/0"命令显示 3 个路由器相互连接的接口的状态，如图 6 - 49 所示。

```
R1>sh int s0/0/0
Serial0/0/0 is up, line protocol is up (connected)  接口开启
  Hardware is HD64570
  Internet address is 10.1.1.1/30
  MTU 1500 bytes, BW 1544 Kbit, DLY 20000 usec,
     reliability 255/255, txload 1/255, rxload 1/255
  Encapsulation Frame Relay, loopback not set, keepalive set (0 sec)  封装类型
  LMI enq sent   0, LMI stat recvd 0, LMI upd recvd 0, DTE LMI up
  LMI enq recvd 0, LMI stat sent  0, LMI upd sent  0
  LMI DLCI 1023  LMI type is CISCO  frame relay DTE   LMI类型
  Broadcast queue 0/64, broadcasts sent/dropped 0/0, interface broadcasts 0
  Last input never, output never, output hang never
  Last clearing of "show interface" counters never
```

图 6 - 49　R1 的 s0/0/0 接口信息

图 6 - 49 的第一行表示接口开启：如果是"Up"状态，表示接口已经正确连接到调制解调器上；如果是"Down"状态，表示线路和调制解调器连接状态错误，路由器未接收到来自调制解调器的控制信号，此时应当检查路由器到调制解调器的线缆是否正确连接，或者调制解调器可能配置有错，导致不能正确提供控制信号；如果是"Administratively down"状态，表示接口处于关闭状态，需要执行有关的接口命令来激活接口。

3）检查 R1、R2 之间帧中继信息

使用管理用户登录到路由器中，在路由器中查看路由器中帧中继的状态和参数配置，

相关命令可参考 6.6.5 节。

(1) 使用"show frame – relay map"命令查看帧中继映射。

(2) 使用"show frame – relay lmi"命令显示所有帧中继的 LMI 内容。

(3) 使用"show frame – relay pvc"命令显示帧中继 PVC 状态,验证 PVC 是否被激活。PVC 包括以下 3 种状态:

① Active 状态:表示永久虚电路已经建立,即 2 个节点之间的帧中继链路已经建立。"STATUS=ACTIVE"表示 PVC 链路工作正常。

② Inactive 状态:表示帧中继提供商已提供对应于 DLCI 号的 PVC,但未被路由器使用。"STATUS=INACTIVE"表示不可用,一般是远端配置有问题。

③ Deleted 状态:"STATUS=DELETED"表示本地配置可能有问题,即路由器配置的 DLCI 号未被帧中继提供商提供,因此 PVC 不能建立,所以被 Deleted。在这种情况下,要先确认 DLCI 号的正确性,然后再验证帧中继提供商是否已经激活 PVC。

4) 检查 R2、R3 之间的 HDLC 连接

HDLC 的故障检查方法,可以参考图 6 – 50。

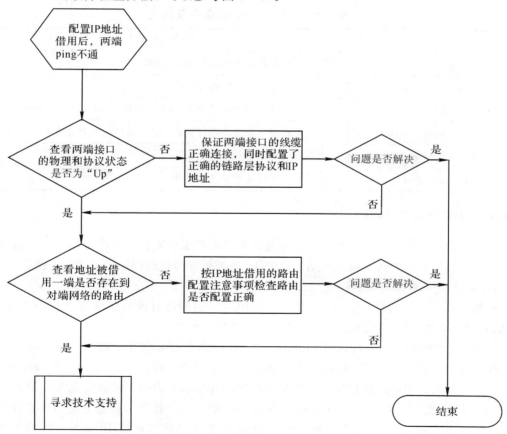

图 6 – 50 HDLC 检查流程图

5) 检查 R2、R3 之间的 PPP 连接和 CHAP 验证

(1) 查看端口的状态信息:用"show interface"命令来查看端口的状态信息,并通过 5

个物理信号 DTR、DSR、CTS、RTS、DCD 的状态来定位问题所在。5 个物理信号的具体含义如下：

　　　　DTR(Data Terminal Ready)：数据终端准备好。

　　　　DSR(Data Set Ready)：数据准备好。

　　　　CTS(Clear To Send)：清除发送。

　　　　RTS(Request To Send)：请求发送。

　　　　DCD(Data Carrier Detect)：数据载体检测。

　　(2) 检查链路层：导致数据链路层 down 的可能原因有：没有封装链路层协议或协议封装不一致；配有认证，但用户名或密码配置有误；配置认证后没有执行"aaa authen ppp default local"命令。

　　链路层的检查思路为：通过 show run 命令查看配置，检查两端协议封装是否正确一致；检查认证方式和用户名、密码等是否合适；通过"debug ppp neg""debug ppp authen""debug ppp packet""debug ppp error"命令记录协商过程，从中查找问题，具体解释如表 6 - 10 所示。

表 6 - 10　PPP 的 debug 命令及含义

命　　令	具　体　含　义
debug ppp negotiation	确定客户端是否可以通过 PPP 协商
debug ppp authentication	确定客户端是否可以通过验证
debug ppp error	显示和 PPP 连接协商与操作相关的协议错误以及统计错误
debug aaa authentication	要确定使用哪个方法进行验证，以及用户是否通过验证
debug aaa accounting	查看发送的记录
debug radius	查看用户和服务器交换的属性

6.8.5　DHCP 故障排除

　　在局域网的维护中，维护人员经常会遇到客户机不能上网且无法获取 IP 地址的情况，此时，要检查计算机的网卡及其驱动、TCP/IP 是否配置为自动获取以及网络线路。

1. 检查客户端

　　根据 6.8.1 节的需求(13)"位于 192.168.10.0 子网的所有设备能够通过 DHCP 从 R1 上动态获取 IP 地址"，首先在图 6 - 40 的 S1 上增加一台 PC。

　　在 PC 的"Desktop/Command prompt"中，在行命令提示符下，键入"ipconfig/all"命令，看是否得到 DHCP 服务器分配的 IP 地址，如果没有，可以执行"ipconfig/release"命令，将客户端系统当前的地址释放，再次执行"ipconfig/all"命令，就会发现客户端系统的 IP 地址已经变成 0.0.0.0 了，这就表示 Windows 系统已经将网卡动态分配的地址释放出来，然后使用"ipconfig/renew"命令再次向 DHCP 服务器重新申请 IP 地址，如果申请成功，客户端将重新得到新 IP 地址，如果失败，则说明客户端与 DHCP 服务器之间网络通信不正常。申请过程如图 6 - 51 所示。

```
PC>ipconfig /release    释放当前的IP地址

   IP Address.....................: 0.0.0.0
   Subnet Mask....................: 0.0.0.0
   Default Gateway................: 0.0.0.0
   DNS Server.....................: 0.0.0.0

PC>ipconfig /all    查看当前IP地址

FastEthernet0 Connection:(default port)

   Connection-specific DNS Suffix..:
   Physical Address...............: 000A.4189.A116
   Link-local IPv6 Address........: FE80::20A:41FF:FE89:A116
   IP Address.....................: 0.0.0.0
   Subnet Mask....................: 0.0.0.0
   Default Gateway................: 0.0.0.0
   DNS Servers....................: 0.0.0.0
   DHCP Servers...................: 0.0.0.0
   DHCPv6 Client DUID.............: 00-01-00-01-22-A4-16-D2-00-0A-41-89-A1-16

PC>ipconfig /renew    重新获取IP地址失败
DHCP request failed.
```

图 6-51　PC 申请 DHCP 地址过程

2. 检查服务器

（1）检查服务器上 dhcp server 的设置是否正常，如果没有启用则先将其开启。检查服务器配置是否正确，最好做到最小化配置（DHCP Server 方面），其他可能影响的配置都先删除。

（2）检查全局地址池是否存在，并且地址池中的 IP 地址与接口的 IP 地址是否在同一个网段中。检查是否存在误将正常的地址排除掉的情况。

（3）用"show ip dhcp conflict"命令查看是否存在 IP 地址检查冲突的情况，这种情况会导致无可用地址，如果发现有很多表项，可以尝试用"clear ip dhcp conflict"命令清除后再尝试获取。

（4）考虑租约的问题，如果发现 DHCP 工作正常，只是一部分客户机无法获得 IP 信息，并且在客户机上执行"ipconfig/renew"命令提示找不到 DHCP 服务器，而另外一部分客户机可以正常获得的话，很有可能是因为租约的问题：或者是租约里保存的信息过多，需要手工清除；或者是租约时间设置的过长，以至于大量非法 MAC 地址占用了有效 IP 地址。

附录

本书中计算机专业术语缩略语

缩写	英文全称	中文释义
ACL	Access Control List	访问控制列表
ADSL	Asymmetric Digital Subscriber Line	非对称数字用户线路
AP	Access Point	接入点
ARP	Address Resolution Protocol	地址解析协议
ATM	Asynchronous Transfer Mode	异步传输模式
BSS	Basic Service Set	基础服务集
C/S	Client/Server	客户/服务器方式
CCA	Clear Channel Assessment	空闲信道评估
CCK	Complementary Code Keying	补码键控
CCNA	Cisco Certified Network Associate	思科认证网络工程师
CCNP	Cisco Certified Network Professional	思科认证资深网络工程师
CDM	Code Division Multiplexing	码分复用
CDMA	Code Division Multiple Access	码分多址
CHAP	Challenge Handshake Authentication Protocol	挑战握手认证协议
CIDR	Classless Inter-Domain Routing	无分类域间路由
CLI	Command Line Interface	命令行接口
CSMA/CA	Carrier Sense Multiple Access /Collision Avoidance	具有冲突避免功能的载波侦听多路访问
CSMA/CD	Carrier Sense Multiple Access/Collision Detection	带冲突检测的载波监听多路访问技术
CTS	Clear To Send	允许发送
DCE	Data Communication Equipment	数据通信设备
DCF	Distributed Coordination Function	分布式协调功能
DHCP	Dynamic Host Configuration Protocol	动态主机配置协议
DNS	Domain Name System	域名系统
DSDV	Distance Vector Routing Protocol	距离矢量路由协议
DSL	Digital Subscriber Line	数字用户线路
DTE	Data Terminal Equipment	数据终端设备

缩写	英文全称	中文释义
EGP	Exterior Gateway Protocol	外部网关协议
eMBB	Enhanced Mobile Broadband	增强移动宽带
ESS	Extended Service Set	扩展服务集
FCC	Federal Communications Commission	美国联邦通信委员会
FDDI	Fiber Distribute Date Interface	光纤分布式数据接口
FDM	Frequency Division Multiplexing	频分多路复用
FHSS	Frequency Hopping Spread Spectrum	跳频扩频
FR	Frame Relay	帧中继
FTP	File Transfer Protocol	文件传输协议
FTTB	Fiber To The Building	光纤到楼
FTTC	Fiber To The Curb	光纤到路边
FTTH	Fiber To The Home	光纤到家
HDLC	High-Level Data Link Control	高级数据链路控制
HDSL	High-speed Digital Subscriber Line	高速率数字用户线路
HFC	Hybrid Fiber Coax	混合光纤同轴电缆
HSRP	Hot Standby Router Protocol	热备份路由器协议
HTML	Hyper Text Makeup Language	超文本标记语言
HTTP	Hyper Text Transfer Protocal	超文本传输协议
ICANN	Internet Corporation for Assigned Names and Numbers	互联网名称与数字地址分配机构
ICMP	Internet Control Message Protocol	因特网控制报文协议
IDS	Intrusion Detection System	入侵检测系统
IEEE	Institute of Electrical and Electronics Engineers	电气与电子工程师学会
IETF	Internet Engineering Task Force	互联网工程任务组
IGMP	Internet Group Management Protocol	网际组管理协议
IGP	Interior Gateway Protocol	内部网关协议
IOS	Internetwork Operating System	互联网操作系统
IoT	Internet of Things	物联网
IP	Internet Protocol	网际互连协议
IrDA	Infrared Data Association	红外数据协会
ISDN	Integrated Service Digital Network	综合业务数字网
ISM	Industrial，Scientific and Medical	工业、科学和医疗
ISO	International Organization for Standardization	国际标准化组织
ISP	Internet Service Provider	因特网服务提供者
ITU	International Telecommunication Union	国际电信联盟
LAN	Local Area Network	局域网

缩写	英文全称	中文释义
LCP	Link Control Protocol	链路控制协议
LDPC	Low Density Parity Check	低密度奇偶校验
LLC	Logical Link Control	逻辑链路控制
LSRP	Link State Routing Protocol	链路状态路由协议
LTE	3GPP Long Term Evolution	3GPP 长期演进(4G 蜂窝技术标准)
MAC	Medium Access Control	介质接入控制
MAN	Metropolitan Area Network	城域网
MCS	Modulation and Coding Scheme	调制和编码策略
MIB	Management Information Base	管理信息库
MPLS	Multi Protocol Label Switching	多协议标签交换
NAT	Network Address Translation	网络地址转换
NAV	Network Allocation Vector	网络分配向量
NCP	Network Control Protocol	网络控制协议
NFC	Near Field Communication	近距离通信
NFS	Network File System	网络文件系统
NIC	Network Interface Card	网络接口卡
NMS	Network Management System	网络管理系统
OSI	Open System Interconnection	开放系统互连
OSPF	Open Shortest Path First	开放式最短路径优先
P2P	Peer-to-Peer	对等方式
PAN	Personal Area Network	个人区域网
PAP	Password Authentication Protocol	密码认证协议
PAT	Port Address Translation	端口多路复用
PDU	Protocol Data Unit	协议数据单元
PEM	Privacy Enhanced Mail	私有增强邮件
PGP	Pretty Good Privacy	优良保密协议
POP	Post Office Protocol	邮局协议
PPP	Point to Point Protocol	点对点协议
PPPoE	Point to Point Protocol over Ethernet	以太网上的点对点协议
PS	Proxy Server	代理服务器
PSTN	Public Switched Telephone Network	公共电话交换网络
RAID	Redundant Array of Inexpensive Disk	独立磁盘冗余阵列
RARP	Reverse Address Resolution Protocol	反向地址解析协议
RFID	Radio Frequency ID entification	射频识别
RIP	Routing Information Protocol	路由信息协议

续表三

缩写	英文全称	中文释义
RTP	Real-time Transport Protocol	实时传输协议
RTS	Request To Send	请求发送
RTT	Round-Trip Time	往返时间
SDH	Synchronous Digital Hierarchy	同步数字体系
SDSL	Symmetrical Digital Subscriber Line	对称数字用户线路
SMTP	Simple Mail Transfer Protocol	简单邮件传输协议
SNMP	Simple Network Management Protocol	简单网络管理协议
SONET	Synchronous Optical Network	同步光纤网
SPF	Shortest Path First	最短优先路径
SSL	Secure Socket Layer	安全套接层
STP	Spanning Tree Protocol	生成树协议
TCP	Transmission Control Protocol	传输控制协议
TDM	Time Division Multiplexing	时分复用
TFTP	Trivial File transfer Protocol	简单文件传输协议
TLS	Transport Layer Security	传输层安全协议
UDP	User Datagram Protocol	用户数据报协议
UMTS	Universal Mobile Telecommunications System	通用移动通信系统
URI	Uniform Resource Identifier	统一资源标识符
UWB	Ultra Wide Band	超宽带
VC	Virtural Circuit	虚电路
VDSL	Very high-bit-rate Digital Subscriber Loop	甚高速数字用户线路
VLAN	Virtual Local Area Network	虚拟局域网
VoIP	Voice over Internet Protocol	互联网协议电话
WAN	Wide Area Network	广域网
WiFi	Wireless Fidelity	无线保真
WLAN	Wireless Local Area Network	无线局域网
WWW	World Wide Web	万维网

参 考 文 献

［1］　谢希仁. 计算机网络[M]. 8 版. 北京：电子工业出版社，2020.

［2］　TANENBAUM A S，WETHERALL D J. 计算机网络[M]. 5 版. 北京：清华大学出版社，2012.

［3］　DYE M A，MCDONALD R，RUFI A W. 思科网络技术学院教程 CCNA Exploration：网络基础知
　　　[M]. 北京：人民邮电出版社，2009.